U0250938

Tasty Food
食在好吃

# 吃好每天
# 三顿饭

杨桃美食编辑部 主编

江苏凤凰科学技术出版社
·南京·

**图书在版编目（CIP）数据**

吃好每天三顿饭 / 杨桃美食编辑部主编 . -- 南京：
江苏凤凰科学技术出版社，2015.10（2020.10 重印）
（食在好吃系列）
ISBN 978-7-5537-4932-7

Ⅰ . ①吃… Ⅱ . ①杨… Ⅲ . ①食谱 Ⅳ .
① TS972.12

中国版本图书馆 CIP 数据核字 (2015) 第 148885 号

**吃好每天三顿饭**

| | | |
|---|---|---|
| 主　　　编 | 杨桃美食编辑部 | |
| 责 任 编 辑 | 葛　昀 | |
| 责 任 监 制 | 方　晨 | |
| 出 版 发 行 | 江苏凤凰科学技术出版社 | |
| 出版社地址 | 南京市湖南路 1 号 A 楼，邮编：210009 | |
| 出版社网址 | http://www.pspress.cn | |
| 印　　　刷 | 天津丰富彩艺印刷有限公司 | |
| 开　　　本 | 718mm×1000mm　　1/16 | |
| 印　　　张 | 10 | |
| 插　　　页 | 4 | |
| 字　　　数 | 250 000 | |
| 版　　　次 | 2015年10月第1版 | |
| 印　　　次 | 2020年10月第3次印刷 | |
| 标 准 书 号 | ISBN 978-7-5537-4932-7 | |
| 定　　　价 | 29.80元 | |

图书如有印装质量问题，可随时向我社出版科调换。

# 目录 | CONTENTS

# PART 1
# 活力早餐

# PART 2
# 营养午餐

# PART 3
# 丰盛晚餐

**附录：健康养生饮料**

# 营养三餐简单做，
# 给你元气满满的每一天

　　现代人生活忙碌，常常不是误餐就是三餐总是在外解决，不仅营养不均衡而且又伤荷包，但忙碌了一天，下班回家如果还要大费周折地煮一桌菜，相信很多上班族都心有余而力不足。究竟要如何做才能在下班后能够短时间就吃到热腾腾的餐点？本书要教您轻松做简易三餐，让您能够早餐吃得均衡营养、午餐吃得便利、晚餐自己简易搭配家常菜，既能够实时享用，又能够顺便带便当。只要利用假日事先准备好食材，平日再花一些时间就可以做好三餐，不必担心做早餐或便当需要很多时间。既省钱又不影响美味，也不用担心长期外食，菜肴中的高油高盐带来的健康隐患。

# 加快三餐烹饪
# 便利性的
## 食材处理

做菜时，想要方便快速，却又不想总是重复用相同的食材搭配，或重复处理一样的食材，可以利用假日先将食材处理保存好，等到要用时再取出，只要几个简单的步骤就能烹制美食，方便又省时，让做菜瞬间变得很容易！

# 冷冻保鲜
# 需掌握的五大要诀

### 要诀1 沥干食材水分
清洗过的食材一定要沥干或是擦干表面的水分，以免形成结霜，影响食物口感。

### 要诀2 切成薄片或小块
将食材切成薄片或小块状较易解冻，做菜时也更方便。

### 要诀3 铺平摆放收纳
将食材铺平，取用时才不会纠结成团。

### 要诀4 善用保存容器
保鲜膜、密封袋、保鲜盒、泡沫塑料盒都可以拿来作为容器，以透明容器为佳，这样才可以清楚看见保存的内容物。

### 要诀5 注明保存日期
放入冰箱前先贴上日期，就不会错过最佳食用期限或吃到冷冻过久的食物。

# 冷冻蔬菜处理法

你一定没想到蔬菜、水果也可以冷冻保鲜。把蔬果事先冷冻起来，就不怕年节、大雨天菜价上涨没菜吃。至于常用到的油豆腐，如果直接放入冷冻室，就错啦！让我们来告诉你正确的处理方法。

## 妙招 1 三角油豆腐处理法

**1. 滚水汆烫**

　　取一锅，放入适量的水煮滚，将三角油豆腐放入，略微汆烫过，即可取出，以去除油渍及豆腥味。

**2. 压除水分**

　　将三角油豆腐中的水分压干，以免冷冻后结霜。

**3. 切小块状**

　　将冷却后的三角油豆腐切成适合的大小，放入密封袋中铺平，贴上日期标签、放入冷冻室中。

## 妙招 2 彩椒处理法

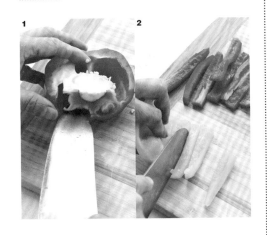

**1. 去籽**

　　将彩椒洗干净、沥干后，去除内部的籽。

**2. 切成适当大小**

　　将彩椒切成适当大小，切成条状或丁状，要诀在于不要切太大块。

## 妙招 3 甜豆处理法

**1. 去丝**

　　将甜豆洗净沥干后，去除两边的粗纤维。

**2. 铺平**

　　放入密封袋中后铺平，贴上标签、放入冷冻室中。

**小叮咛：**西红柿、木耳、菇类、葱等的食材都可以冷冻，只要掌握洗净、沥干，去籽、去皮的步骤，再切适当块状即可。

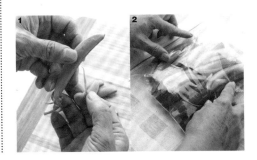

# 冷冻肉类处理法

冷冻过的肉类常常凝结一团，使用时很不方便。下面介绍3种不同性质的肉类保存法，让你用起来顺手又方便！

## 妙招1 鸡肉处理法

### 1. 用酒水去腥

将水和米酒以100:15的比例，泡成酒水。用酒水直接清洗鸡肉，以去除腥味。

### 2. 腌鸡肉 + 切块

将鸡肉中放入酱油1.5小匙、米酒1小匙及糖、香油、姜泥各1/2小匙，用手抓匀，并切成一口的大小。

### 3. 放入密封袋

将切块的鸡肉密封，平铺放入冷冻室。

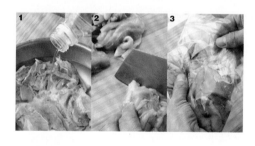

## 妙招2 肉片处理法

### 1. 分别包好肉片

取一保鲜膜，撕下适当的长度，平铺在桌上，将肉片放在保鲜膜上完整包好。肉片包入的数量依每次的使用量及烹制方式来决定。

### 2. 密封肉片

将包好的肉片放在泡沫塑料盒上，再用保鲜膜包好放入冷冻室。

**小叮咛：** 所有的肉片都可以用这方式保存。冷冻过的肉片可直接用来炒、煎、涮火锅。

## 妙招3 肉馅处理法

### 1. 抓肉

依肉馅的分量加入1%的盐，用手抓到肉馅呈现胶泥状。例如：200克的肉馅需放2克的盐，以此类推。

### 2. 调味 + 抓成丸子状

将肉馅用水1大匙，酱油及米酒1小匙，糖、香油及姜泥各1/2小匙的调料调味，并用手抓匀团成丸子状。

### 3. 整形

将丸子状的肉馅先压平，中间处要再压一下，烹调时才不会凸起。将处理好的肉馅放入保鲜盒，并在表面贴上标签，即可放入冷冻室。

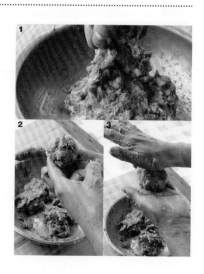

# 冷冻海鲜处理法

一般人很少会把贝类放进冷冻室，以至于买到的贝类必须赶快吃完。提供贝类保鲜法，再也不用担心吃到不新鲜的海鲜了。

## 妙招 1 蚬处理法

**1. 吐沙**

市面上出售的贝类都事先吐过沙，为了确保吐沙完全，买回家中后，最好再吐沙30分钟。

**2. 清洗**

将贝类捞起沥干。

**3. 放入冷冻室**

放入保鲜盒中，并贴上标有品名及日期的标签，放入冷冻室。

## 妙招 2 带壳鲜虾处理法

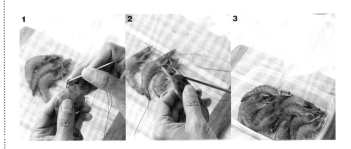

**1. 去肠泥**

去除鲜虾背脊上的肠泥。

**2. 剪须**

将头部的须和脚及尖端尖处剪除。

**3. 加水**

加入盖过虾表面的水分，才能保持虾肉里的水分。放入冷冻室，并在保鲜盒的表面贴上标签。

## 妙招 3 去壳鲜虾处理法

**1. 去肠泥**

去除鲜虾背脊上的肠泥。

**2. 去头、去壳**

将虾头、虾壳去除掉，尾巴最后一段的壳可以保留，烹调时较美观。

**3. 沥干**

把去壳的虾沥干，用餐巾纸将表面的水分吸干，平放在密封袋内，并贴上标签、放入冰箱冷冻。

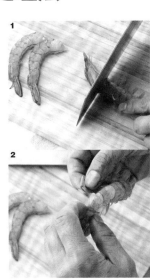

# 掌握诀窍,
# 烹调方便又快速

## 食材切薄快速入味

由于快炒烹调时间短,无论蔬菜或肉类等食材都不宜切太大块,便于让快炒的速度均匀一致,甚至调味的香辛料如大蒜、姜、红辣椒等也切成末或片,都是可以帮助食材充分吸收调味汁的好方式。

## 选择快速的烹调法

不同的烹调手法需要的制作时间也不一样,所以如果想要快速地完成,当然应该选择适当的烹调方式,例如凉拌、快炒一定会比炖卤菜肴需要的时间来得快速。另外,炒饭、炒面或其他主食,因为不需要再准备多样配菜,只要做出一道就能马上开饭,顶多再搭配简单的汤或青菜,也是可以节省时间的选择。

## 善用电饭锅、烤箱

家里有电饭锅与烤箱千万别闲置在一旁,在做菜忙碌的时候可是很好的帮手。以电饭锅来说,除了炖卤菜肴之外,在内锅上架上盘子,或是利用现在流行的加高型电锅盖,这样空间一下就变大了,可以多蒸好几道菜,也可以利用铝箔纸将汤汁少的菜包好,一起入锅蒸熟;而烤箱也可以采取同样方式,如果是有两层的烤箱就不要浪费空间,一次放入两道菜,省时又方便。

## 炖卤一锅卤菜免烦恼

有空可以炖一锅卤肉或是肉臊,若没吃完只要善加保存,在忙碌的日子里,这锅卤汁就是快速变化其他菜色的好卤料。取适量的卤汁拿来炖卤蔬菜、豆干,又是一盘佳肴了,当然肉臊也可以用来淋烫蔬菜、拌面,只要花点巧思,做菜也能很轻松。

## 勾芡快炒省时入味快

勾芡,是让食材入味的小诀窍,将调味酱汁加点薄薄的芡汁均匀淋入锅中,可以轻易包裹住锅中的食材,滋味就会牢牢锁住,连同酱汁一起入口,滋味更显醇厚丰润。

# PART 1

# 活力早餐

早餐吃得好，才能补足一整天的元气，让你精力充沛，可同样的东西吃久了又会腻。本书收录了众多的早餐菜品，不论你是想吃中式早餐或是异国早餐，或是在悠闲的假日来一份早午餐，都能让你天天吃到新鲜营养又多变的早餐！

# 淘米熬粥有一套

虽然粥的种类有百种，但基本功还是必须从淘米做起，且熬粥底不外乎使用三种方式，分别是以生米、熟饭及冷饭慢慢熬成粥，不论是采用哪种方式都可以煮出美味的粥品，只是口感上略有不同。但可别小看这三种熬粥方式的重要性喔，因为不论生米、熟饭或冷饭，熬成粥的过程中都会胀大，因此分量和水量的拿捏可要特别小心，下面先让你了解三种不同的煮法和煮粥零失败的小秘诀。

## 淘米做法

1 将水和米粒放入容器内。

2 先以画圈的方式快速淘洗，再用手轻轻略微揉搓米粒。

3 洗米水会渐渐呈现出白色混浊状。

4 慢慢倒出白色混浊的洗米水，以上步骤重复3次。

5 最后，将米粒和适量的水一同静置浸泡约15分钟即可。

 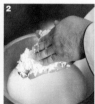   

## 生米慢熬成粥

**材料**
生米1杯，水8杯

**做法**
将生米洗净后，把生米和水放入汤锅内，以中火煮滚后再转小火煮45分钟。

### 精准破解煮粥的三大关键任务

**时间的掌控**。熬煮的时间也会依照生米、熟饭、冷饭的不同而有所不同，所以在熬煮粥的时候，必须考虑自己的时间状况来选用不同的饭粒熬煮。

**水量多少要掌控**。不论是利用生米、熟饭或冷饭来熬粥，当你放入水熬煮时，水的比例要掌握好，过少的水量可能会导致粘锅现象，因此在熬煮过程中要随时留意锅内的水量是否足够。

**火候的掌控**。先用中火将水煮开后，再转小火慢慢熬煮，千万别心急一路全采用大火或中火来熬制，否则锅里的饭粒溢满出来，可就让人大伤脑筋了。

# 搭配小菜

## 三色圆白菜

**材料**
圆白菜100克,胡萝卜、黄甜椒、黑木耳各5克,食用油适量

**调料**
盐1小匙,水3大匙

**做法**
① 剥下圆白菜叶片洗净切条,胡萝卜切丝,黄甜椒切丝,
黑木耳切丝,备用。
② 热锅倒入适量油烧热,放入胡萝卜丝、黄甜椒丝、黑木耳丝
中火炒香,再加入圆白菜条及所有调料翻炒至熟即可。

## 四季豆炒肉丝

**材料**
四季豆80克,猪肉丝30克,蒜3瓣,红辣椒丝、食用油各适量

**调料**
盐1小匙,鸡精1小匙,米酒1大匙

**腌料**
盐少许,淀粉1小匙

**做法**
① 猪肉丝加入所有腌料拌匀,腌约5分钟备用。
② 四季豆洗净,撕去头尾和老筋,切段;蒜切末,备用。
③ 热油锅,小火爆香蒜末,加入四季豆,中火炒至变色,加入猪肉
丝和所有调料炒至熟透,再加入红辣椒丝拌炒一下即可。

## 炒酸菜

**材料**
酸菜200克,红辣椒1个,姜15克,白糖1大匙,食用油适量

**做法**
① 酸菜切细条状,略冲水后入锅汆烫,再捞起沥干;姜、辣椒
切细条状,备用。
② 锅烧热,酸菜放入炒除水分后盛起,原锅倒入适量油,将姜丝放
入炒香,再将白糖、酸菜、辣椒丝炒匀入味即可。

# 捏制中式饭团超简单

想要有一个紧实瓷实的好吃饭团，包卷技巧可不能轻易就忽视了喔！米饭该怎么平铺？饭团该怎么包卷？力气该怎么施压？这些不起眼的小动作，却攸关着一个完美饭团的成品效果，稍一不小心，你的饭团可是会露馅，而米饭可是会遭到分解的惨况命运喔！

① 用饭匙挖取适量的米饭放在棉布袋上。

② 使用饭匙将米饭轻轻地压整均匀成一薄层。

③ 将炒过的萝卜干、酸菜依序放在铺好的米饭上，并将馅料平摊均匀。

④ 接着再放入肉松，最后再将油条排入。

⑤ 将包好的半成品朝左右两侧向内挤压并包卷在一起。

⑥ 再将半成品转换方向后，朝左右两侧向内挤压包卷，让馅料可以完全包进米饭中。

⑦ 再连同米饭和棉布袋一起向内包卷，并略施力气将米饭压卷紧实。

⑧ 取出压制紧实的米饭放进塑料袋中，再用手稍加捏制成椭圆形即可。

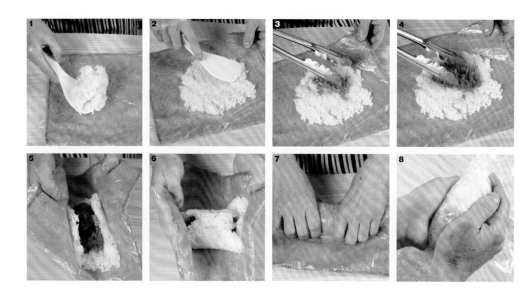

# 搭配小菜

## 辣菜脯

**材料**

萝卜干(切丁)100克,蒜末适量,红辣椒(切圈)1个,白糖1/2小匙,食用油适量

**做法**

1. 萝卜干放入滚水氽烫一下,捞起沥干,备用。
2. 热锅,加入适量食用油,放入萝卜干充分拌炒,再放入蒜末、红辣椒圈和白糖拌炒入味即可。

## 雪里蕻

**材料**

雪里蕻(生)150克,红辣椒1个,白糖1/2大匙,食用油适量

**做法**

1. 雪里蕻切成丁状,氽烫一下后捞起沥干;红辣椒去籽切丝,备用。
2. 锅烧热,将雪里蕻放入,炒除水分后盛起备用,原锅倒入适量食用油,放入白糖煮匀,再放入雪里蕻、红辣椒丝拌炒入味即可。

## 葱花蛋

**材料**

葱1棵,鸡蛋2个,水1大匙,盐少许,胡椒粉少许,食用油适量

**做法**

1. 葱切成葱花,鸡蛋打散与其他材料一起混合均匀。
2. 锅热后,加入适量食用油,倒入葱花蛋液煎至呈金黄色,再适当切小片即可。

# 台式咸粥

### 材料
米饭350克, 猪肉丝80克, 干香菇3朵, 虾米30克, 红葱头片15克, 油葱酥适量, 高汤900毫升, 食用油适量

### 调料
盐1/2小匙, 鸡精1/2小匙, 白糖少许, 料酒少许

### 腌料
盐少许, 淀粉少许, 料酒少许

### 做法
1. 猪肉丝洗净沥干, 加入所有腌料拌匀腌渍约1分钟, 再放入热油锅快炒至变色, 盛出备用。
2. 香菇洗净泡软后切丝; 虾米洗净, 泡入加了料酒的水中浸泡至软, 捞出沥干水分, 备用。
3. 热锅倒油, 小火爆香红葱头片, 再放入香菇丝、虾米炒香, 加入猪肉丝拌炒, 倒入高汤中火煮开, 再加入米饭小火煮至略稠, 加所有调料调味, 再撒上油葱酥即可。

# 皮蛋瘦肉粥

### 材料
大米100克, 瘦猪肉丝100克, 皮蛋1个, 油条、葱花各适量, 高汤1200毫升

### 调料
盐1/2小匙, 鸡精1/2小匙

### 做法
1. 大米洗净, 泡水约1小时后沥干水分备用。
2. 瘦猪肉丝洗净沥干水分; 皮蛋去壳切小块; 油条切小段, 放入烤箱中烤至酥脆备用。
3. 将泡好的大米放入汤锅中, 加入高汤以中火煮至滚开, 稍微搅拌后改小火熬煮约30分钟, 加入瘦猪肉丝改中火煮至滚沸, 改转小火续煮至肉丝熟透, 以调料调味再加入皮蛋块拌匀, 最后撒上油条段、葱花即可。

# 黄金鸡肉粥

**材料**

大米40克，碎玉米50克，水400毫升，鸡胸肉120克，胡萝卜60克，姜末10克，葱花10克

**调料**

盐1/4茶匙，白胡椒粉1/6茶匙，香油1茶匙

**做法**

❶ 鸡胸肉和胡萝卜切小丁备用。

❷ 大米和碎玉米洗净后，与水一起放入内锅中，再放入胡萝卜丁及姜末。

❸ 将内锅放入电饭锅中，外锅加入1杯水，煮约10分钟后，打开锅盖，放入鸡肉丁拌匀，再盖上锅盖继续煮至开关跳起。

❹ 打开电锅盖，加入调料拌匀，盛入碗中，撒上葱花即可。

# 糙米吻仔鱼粥

**材料**

糙米薏仁饭1碗，米饭1碗，吻仔鱼(熟)30克，臭豆100克，洋葱1/2个，水适量

**调料**

香油1大匙，盐少许

**做法**

❶ 吻仔鱼略为冲洗；臭豆切小段；洋葱切丝，备用。

❷ 热一锅，放入香油，加入洋葱丝炒香，续加入剩余材料和盐煮成粥即可。

备注：本食谱中的糙米薏仁饭做法，请参阅60页。

# 五谷瘦肉粥

### 材料
瘦肉片200克，五谷米120克，水1500毫升

### 调料
米酒1小匙，淀粉1小匙，盐1/2小匙，白胡椒粉
1/4小匙，香油1大匙

### 做法
1. 五谷米淘洗数次后加入适量水，浸泡约1小时至米粒稍微软化膨胀后沥干备用。
2. 瘦肉片放入小碗中，加入米酒及淀粉充分抓匀，再放入开水中汆烫约10秒钟，取出肉片再泡入冷水中降温，沥干备用。
3. 汤锅倒入1500毫升水以中火煮滚，加入泡好的五谷米，改大火煮至滚开再以小火续煮并维持锅中略滚的状态。
4. 小火煮约1小时后加入瘦肉片再煮约3分钟，关火加入盐、白胡椒粉及香油拌匀即可。

# 绿豆薏仁粥

### 材料
小米40克，薏仁40克，绿豆40克，水200毫升

### 调料
冰糖80克

### 做法
1. 薏仁洗净，加适量的水浸泡30分钟以上，沥干水分，备用。
2. 小米和绿豆洗净，备用；绿豆提前浸泡。
3. 取汤锅，放入水，倒入小米、薏仁和绿豆，先以大火煮至滚沸，续煮滚3分钟后，改以小火煮30分钟至熟(一边煮一边搅拌)，再加入冰糖调味即可。

# 菜脯葱花蛋饭团

### 材料

A：加钙大米饭120克

B：辣菜脯1大匙，炒酸菜1大匙，雪里蕻1大匙，
　　葱花蛋1小片，油条1小段

### 做法

　　取120克加钙大米饭，平铺于装有棉布的塑料袋上，依序放入材料B的食材，捏紧整成长椭圆形的饭团，并略施力，压卷紧实即可。

备注：本食谱中的雪里蕻、葱花蛋做法，请参阅19页。

# 肉松卤蛋饭团

### 材料

A：大米1杯，十谷米1杯

B：辣菜脯1大匙，炒酸菜1大匙，雪里蕻1大匙，
　　肉松1大匙，卤蛋1/2个

### 做法

❶ 大米洗净、沥干；十谷米洗净、泡温水2小时，备用。

❷ 将大米、十谷米混合并加入2杯水，入锅依一般煮饭方式煮至电子锅开关跳起，再焖约10分钟，即为十谷米饭。

❸ 取120克煮好的十谷米饭，平铺于装有棉布的塑料袋上，依序放入材料B中的食材，捏紧卷成长椭圆形的饭团，并略施力，压卷紧实即可。

备注：本食谱中的辣菜脯、炒酸菜、雪里蕻做法，
请参阅17～19页。

# 金枪鱼酸菜饭团

### 📋 材料
A：紫米40克，黑豆30克，大米2杯
B：辣菜脯1大匙，炒酸菜1大匙，雪里蕻1大匙，金枪鱼(罐头)1大匙，葱花蛋1小片，油条1小段

### 📋 做法
1. 紫米洗净泡温水2小时，沥干水分；大米洗净沥干放置1小时；黑豆洗净，干锅炒香。
2. 混合做法1中的所有材料，加入2杯水，放入电子锅中，按下煮饭键，跳起后再焖10分钟。
3. 取120克做好的紫黑米豆饭，平铺于铺有棉布的塑料袋上，依序放入材料B中的食材，捏紧整成长椭圆形的饭团，并略施力，压卷紧实即可。

备注：本食谱中的辣菜脯、炒酸菜、雪里蕻、葱花蛋做法，请参阅17～19页。

# 什锦饭团

### 📋 材料
长粒糯米饭120克，鱼松、萝卜干、炒酸菜、玉米、金枪鱼各少许，油条1小段

### 📋 做法
1. 将长粒糯米饭平铺在装有棉布的塑料袋上面，再将鱼松均匀地平铺在长粒糯米饭上。
2. 在鱼松上依序放入萝卜干、炒酸菜、玉米、金枪鱼、油条后，包卷捏成制成椭圆形饭团即可。

备注：本食谱中的炒酸菜，请参阅17页。

# 鸡丝润饼卷

### 🍖 材料

| | |
|---|---|
| 润饼皮 | 4张 |
| 鸡胸肉 | 100克 |
| 黑豆干片 | 100克 |
| 豆芽菜 | 100克 |
| 圆白菜片 | 150克 |
| 胡萝卜丝 | 80克 |
| 蛋酥 | 1张 |
| 花生粉 | 适量 |
| (含糖) | |
| 葱段 | 适量 |
| 姜片 | 3片 |
| 食用油 | 适量 |

### 🫙 调料

| | |
|---|---|
| 盐 | 1/4小匙 |
| 鸡精 | 1/4小匙 |
| 白胡椒粉 | 少许 |
| 米酒 | 适量 |

### 🍲 做法

❶ 汤锅中放入适量水、葱段、米酒和姜片，煮开后放入鸡胸肉，加入少许盐(分量外)煮至滚，转小火煮15分钟后关火焖熟，凉后取出鸡胸肉剥丝备用。

❷ 黑豆干片放入烧热的锅中，炒至焦香，再加入其余所有调料炒匀后捞起备用。再分别下圆白菜片、豆芽菜和胡萝卜丝，炒至干香，加适量盐和白胡椒粉(均分量外)炒匀，捞起备用。

❸ 取润饼皮铺在盘子上，撒上花生粉和蛋酥，放上鸡肉丝和做法2中的材料，包卷起来即可，重复上述做法至润饼皮用完。

# 蔬菜润饼卷

## 🍱 材料

| | |
|---|---|
| 润饼皮 | 3张 |
| 芦笋 | 6根 |
| (小根) | |
| 黄甜椒条 | 60克 |
| 红甜椒条 | 60克 |
| 山药条 | 60克 |
| 苹果条 | 50克 |
| 苜蓿芽 | 70克 |

## 🧂 调料

千岛沙拉酱 适量

## 📋 做法

❶ 将芦笋、黄甜椒条、红甜椒条、山药条放入滚水中汆烫一下，捞出泡入冰水中至完全降温，捞出沥干水分备用。

❷ 取一张润饼皮摊平，先在中间放入适量的苜蓿芽，再加入做法1中的食材和苹果条，最后淋上适量的千岛沙拉酱，并将润饼皮包卷起即可，重复上述做法至润饼皮用完。

# 蔬菜米蛋饼

**材料**
熟米饭80克，鸡蛋5个（打散），火腿丝20克，
鱿鱼丝(烫熟)30克，圆白菜丝30克，葱花30克，
胡萝卜丝10克，食用油适量

**调料**
盐1/8茶匙，白胡椒粉1/8茶匙

**做法**

1. 将米饭放入大碗中，洒上约20毫升的水，用
   大汤匙或用手将有结块的米饭抓散，备用。

2. 热锅，加入约2大匙食用油，轻摇锅使锅底
   都覆盖上薄薄一层食用油，转中火放入所有
   材料(蛋液除外)，将饭翻炒至完全散开，续
   加入所有调料，以中火翻炒匀后取出盛入大
   碗中，再加入蛋液拌匀，备用。

3. 加热平底锅，倒入约1大匙食用油，放入
   炒好的米蛋海鲜蔬菜饭以小火煎，并用锅
   铲略压扁，煎约2分钟后翻面，续煎约2分
   钟，煎至两面呈金黄色后起锅，切块、盛
   盘即可。

# 蔬菜蛋饼

**材料**
蛋饼皮1张，圆白菜丝50克，罗勒叶少许，鸡蛋1个，
食用油适量

**调料**
盐少许，辣椒酱少许

**做法**

1. 鸡蛋打入碗中搅散，加入圆白菜丝、罗勒
   叶和盐拌匀备用。

2. 取锅，加入少许油烧热，倒入蛋液，再盖
   上蛋饼皮煎至两面金黄即可盛起切片。

3. 食用时可搭配辣椒酱。

# 辣金枪鱼刈包

### 🍱 材料
刈包2个，青椒2个，水煮蛋1个，菠菜100克，金枪鱼罐头(小)1罐，熟白芝麻适量

### 🧂 调料
A：盐、黑胡椒粉各适量
B：香油1小匙，盐、白胡椒粉各适量
C：辣椒粉适量

### 🍳 做法
1. 青椒去籽切细末；金枪鱼罐头沥干酱汁，备用。
2. 将青椒末、金枪鱼肉和所有调料A拌匀。
3. 菠菜洗净，放入沸水中余烫，捞出泡水至完全冷却，充分扭干水分，切成3厘米段，和所有调料B和熟白芝麻一起拌匀。
4. 取一刈包，依序夹入菠菜、切成片的水煮蛋2片、做法2中的材料，并撒上辣椒粉即可。

# 葱花煎饼

### 🍱 材料
中筋面粉100克，糯米粉50克，水150毫升，香葱80克，食用油2大匙

### 🧂 调料
盐1茶匙

### 🍳 做法
1. 将中筋面粉、糯米粉、水调匀成面糊，静置约20分钟备用。
2. 香葱洗净，切成葱花备用。
3. 将葱花、盐、面糊一起拌匀。
4. 热锅，加入食用油，再倒入面糊，以小火煎约1分钟后翻面，用锅铲使力压平、压扁面饼，并不时用锅铲翻转面饼，煎至两面呈金黄色即可。

# 火腿蛋饼

📖 **材料**
葱油饼皮1张，火腿片2片，鸡蛋1个，葱花2大匙，食用油适量

🍶 **调料**
盐少许，酱油适量

🍳 **做法**
① 鸡蛋打入碗中搅散，加入葱花和盐拌匀。
② 取锅，加入少许油烧热，放入火腿片，再倒入鸡蛋液，盖上葱油饼皮煎至两面金黄，包卷成圆条状盛起，切片后淋上酱油即可。

# 中式蛋饼

📖 **材料**
鸡蛋1个，香葱1棵，蛋饼皮1片，食用油适量

🍶 **调料**
盐少许

🍳 **做法**
① 香葱洗净，切细末备用。
② 将鸡蛋打散，与香葱末和盐混合均匀成蛋液。
③ 锅中倒入食用油加热，倒入蛋液，用中火煎至半熟时盖上饼皮，翻面煎至饼皮略上色，卷起切成适当大小即可。

# 养生番薯卷

📖 **材料**
番薯1块，葡萄干20克，蔓越莓干20克，润饼皮2张，熟核桃碎30克，熟黄豆粉1大匙

🍶 **调料**
白糖1/2小匙

🍳 **做法**
① 将番薯洗净，蒸熟，切长块。
② 取一润饼皮铺平，撒上混合好的熟黄豆粉和白糖，放上半块番薯，撒上葡萄干、蔓越莓干和熟核桃碎，卷起包好即可。

# 玉米煎饼

**材料**

罐头玉米粒150克，食用油少许，鸡蛋2个，低筋面粉200克，泡打粉1茶匙,无盐奶油80克

**调料**

白糖3大匙，鲜奶100毫升

**做法**

① 将罐头玉米粒沥干，并用手挤干水分。

② 无盐奶油融化待凉，加入鸡蛋、白糖用打蛋器搅打约1分钟。

③ 将低筋面粉、泡打粉混合过筛，加入奶油液中，并不断搅拌均匀，再加入鲜奶拌匀，静置约20分钟备用，即成松饼面糊。

④ 备一不粘锅，用纸巾蘸少许食用油，均匀涂在锅内。

⑤ 将松饼面糊与玉米粒一起拌匀，倒入锅中，以小火将两面各煎5分钟,均呈金黄色即可。

备注：此分量面糊可煎两次。

# 蛋饼卷

**材料**

蛋饼皮1张，圆白菜丝160克，鸡蛋2个，食用油适量

**调料**

盐少许

**做法**

① 将圆白菜丝放入大碗中，打入鸡蛋并撒上盐，充分拌匀备用。

② 平底锅倒少许油烧热，先放蛋饼皮，再倒入圆白菜丝鸡蛋液开小火烘煎至蛋液凝固，翻面后再倒入少许油，继续煎至饼皮外观呈金黄色。

③ 趁热包卷起来盛出，再分切成块即可。

# 芝麻烧饼奶酪蛋

## 材料
芝麻烧饼　　1份
奶酪片　　　1片
鸡蛋　　　　1个
豆浆　　　　30毫升
香菜末　　　1根
芦笋　　　　适量
橄榄油　　　1小匙

## 调料
盐　　　　　适量
胡椒粉　　　适量

## 做法
① 芝麻烧饼放入烤箱略烤至香酥，备用。
② 芦笋放入沸水中余烫约15秒，泡入冷水中至冷却，沥干水分，与橄榄油和少许盐、胡椒粉拌匀，备用。
③ 鸡蛋、豆浆、香菜末和少许盐、胡椒粉混合均匀。
④ 热一锅，放入少许油，倒入蛋液煎至半熟，放入奶酪片，将蛋折成四方形，煎至双面香气释出，盛起备用。
⑤ 将芦笋、煎过的鸡蛋夹入烧饼中即可。

# 焦糖奶茶

📋 **材料**

水450毫升，红茶包2包，奶精粉30克，焦糖果露60毫升

📋 **做法**

1. 取锅，将水煮至沸腾后，立即将热水倒入准备好的杯中，先将茶包缓缓从杯缘放入后，再将杯盖盖上，闷约5分钟后取出茶包，再加入奶精粉调味。

2. 将焦糖果露倒入杯中调匀即可。

# 柠檬炸虾三明治

### 📋 材料
厚片吐司1片, 鸡蛋1个, 草虾3只, 西红柿片2片, 低筋面粉20克, 面包粉2大匙, 豌豆缨2克, 食用油适量

### 🧂 调料
盐1/4小匙, 胡椒粉1/4小匙, 柠檬汁5毫升, 沙拉酱1/2小匙

### 🍳 做法
1 厚片吐司对切, 放入烤箱烤至金黄色后取出; 鸡蛋和低筋面粉拌匀, 备用。

2 草虾去壳去肠泥, 加入除沙拉酱以外的所有调料, 沾裹鸡蛋面糊, 再沾上面包粉, 放入热油锅内炸约2分钟至熟, 取出沥油。

3 将烤好的吐司依序夹入西红柿片、豌豆缨、炸虾, 并淋上沙拉酱即可。

# 香料炒薯块

### 📋 材料
土豆300克, 洋葱末5克, 蒜末2克, 食用油适量

### 🧂 调料
盐1/4小匙, 胡椒粉1/4小匙, 意大利综合香料1/4小匙

### 🍳 做法
1 土豆洗净, 不去皮切块, 备用。

2 热一油锅至180℃, 放入土豆块, 炸约3分钟后取出沥油。

3 另起一锅, 放入少许油, 加入蒜末和洋葱末炒香, 续加入过油炸过的土豆块和所有调料, 以大火炒匀即可。

# 香菇嫩鸡卷

### 材料
鸡肉丁200克，鲜香菇丁30克，蘑菇丁30克，洋葱丁20克，起酥皮1片，蛋黄1/2个，食用油适量，动物性鲜奶油100毫升

### 调料
盐1/4小匙，胡椒粉1/4小匙，奶酪粉20克

### 做法
1. 热一锅，放入少许油，加入洋葱丁、鸡肉丁、鲜香菇丁和蘑菇丁炒香。
2. 续于锅中加入盐和胡椒粉，以小火炒匀，盛盘置凉。
3. 将炒好的材料放于起酥皮上，卷起封口，表面涂上蛋黄，撒上奶酪粉。
4. 将香菇鸡卷放入烤箱中，以200℃烤约3分钟至金黄色取出即可。

# 法国吐司

### 材料
厚片吐司2片，鸡蛋1个，牛奶20毫升，奶油1/4小匙

### 调料
糖粉1/4小匙

### 做法
1. 将鸡蛋和牛奶拌匀，备用。
2. 厚片吐司去边后对切，均匀沾上鸡蛋牛奶液。
3. 热一平底锅，放入奶油，再放入吐司，以小火煎至两面金黄色后，取出撒上糖粉即可。

# 草莓可尔必思

## 🥄 材料
草莓6颗，乳酸饮料50毫升，鲜奶100毫升，冰块适量

## 🍲 做法
1. 草莓洗净沥干并去蒂，切小块备用。
2. 将草莓块及其余材料一起放入果汁机中搅打约20秒即可。

# 薰衣草方块茶

📋 **材料**
柠檬1个，薰衣草1大匙，蜂蜜适量，开水200毫升

📋 **做法**

1. 柠檬洗净后切片，以榨汁器榨汁，将柠檬汁倒入制冰盒，再放入冷冻室制成冰块备用。
2. 将薰衣草放入冲茶器中，冲入200毫升开水，静置约3分钟后倒入杯中放凉。
3. 加入适量蜂蜜调味后，将柠檬冰块放入茶汤中即可。

# 意大利乡村烘蛋

土豆100克，迷迭香1/4小匙，鸡蛋4个，
腊肠丁20克，洋葱丁5克，红甜椒丁5克，
黄甜椒丁5克，食用油1大匙

🧂 调料
盐1/4小匙，黑胡椒粉1/4小匙

📖 做法
1. 鸡蛋打散后过滤，加入所有
   调料拌匀；土豆切片，放入
   沸水中煮熟捞出备用。
2. 热一平底锅，放入油，
   加入腊肠丁、洋葱
   丁、红甜椒丁、黄甜
   椒丁、土豆片和迷迭香略炒。
3. 续于锅中倒入拌好的蛋液，以小火快速拌
   匀至约5分熟，直接放入烤箱以180℃烘烤约
   5分钟至金黄色取出即可。

# 熏三文鱼汉堡

📋 材料
烟熏三文鱼100克，水芹菜5克，烤羊角面包1个，
生菜叶1片，紫甘蓝5克

🧂 调料
沙拉酱1小匙

📖 做法
　　将烤好的羊角面包中夹入紫甘蓝、生菜
叶、烟熏三文鱼，挤上沙拉酱，最后摆上水芹
菜即可。

# 鲜蔬鸡肉堡

**材料**
汉堡1个，生菜叶2片，西红柿片2片，鸡蛋1/2个，鸡胸肉200克，奶酪片1片，洋葱丁10克，淀粉1/2小匙，低筋面粉1/2小匙，食用油适量

**调料**
盐1/4小匙，黑胡椒粉1/4小匙

**做法**
① 鸡胸肉剁成泥状，加入鸡蛋、洋葱丁、淀粉、低筋面粉和所有调料拌匀，捏成扁圆状。
② 热一平底锅，倒入少许油，放入调好味的鸡肉堡，以小火煎至两面金黄至熟。
③ 汉堡横切开后放入烤箱略烤，中间依序夹入生菜叶、西红柿片、鸡肉堡和奶酪片即可。

# 蔬菜棒

**材料**
西芹100克，胡萝卜100克，小黄瓜1条

**调料**
千岛酱1大匙

**做法**
① 西芹、胡萝卜去皮，切长条，泡水备用。
② 小黄瓜洗净，切长条去籽，泡水备用。
③ 将西芹、胡萝卜、小黄瓜条取出，搭配千岛酱食用即可。

# 培根炒南瓜

**材料**
炸南瓜块150克，紫洋葱片2克，培根末少许，食用油适量

**调料**
盐1/4小匙，胡椒粉1/4小匙

**做法**
　热油锅内放入培根末和紫洋葱片炒香，加入炸好的南瓜块和所有调料，以小火炒匀即可。

# 英式三部曲

**材料**

欧式大吉岭茶包3包, 柠檬2片, 热牛奶200毫升, 热水500毫升

**做法**

1. 取欧式大吉岭茶包用热水浸泡3分钟成茶汤备用。
2. 将茶汤倒入茶杯中, 第1杯品尝红茶原味。
3. 第2杯加入柠檬品尝柠檬红茶, 第3杯加入热牛奶品尝奶茶。

# 百汇水果冰茶

## 📋 材料

苹果、猕猴桃、百香果、柠檬各1/2个，菠萝1/6个，新鲜柳橙汁300毫升，冰块适量

## 📖 做法

① 将所有水果去皮去核，切丁备用。

② 取一小锅倒入柳橙汁及水果丁，以大火煮沸后，转小火煮约5分钟，水果出味即离火。倒入杯中，再放入已盛有冷水的钢盆中隔水冷却。

③ 挤入柠檬汁(分量外)调味，食用前加入适量冰块，稍加搅拌即可。

# 法式熏鸡镶蔓越莓

**材料**
厚片吐司(去边)2片，熏鸡肉片100克，
蔓越莓干30克，鸡蛋1个，奶油1/2小匙

**调料**
糖粉1/4小匙

**做法**
① 鸡蛋拌匀成蛋液，备用。

② 将厚片吐司均匀沾上备好的蛋液。

③ 起一锅，放入奶油、厚片吐司，煎至金
黄色取出。

④ 将50克的熏鸡肉片放于厚片吐司上，再放上
蔓越莓干，接着叠上剩余熏鸡肉片，再叠一
片厚片吐司。

⑤ 将三明治斜角对切成两块，撒上糖粉即可。

# 生菜沙拉

**材料**
生菜200克

**调料**
凯萨酱2大匙

**做法**
① 生菜洗净，用手撕成大块状，泡冰水冰镇，
捞起沥干水分备用。

② 将生菜加入凯萨酱拌匀即可。

# 太阳蛋

**材料**
鸡蛋1个，食用油适量

**调料**
黑胡椒粉适量

**做法**
热一平底锅，放入少许油，打入鸡蛋，盖
上锅盖以小火煎熟，撒上黑胡椒粉即可。

# 美式水果煎饼

**材料**

低筋面粉400克, 鸡蛋2个, 牛奶100毫升, 罐装综合水果100克, 泡打粉1/4小匙, 无盐奶油1/2大匙

**调料**

白糖1小匙, 糖粉适量, 红酒1大匙

**做法**

❶ 将低筋面粉和泡打粉过筛, 然后再和鸡蛋、牛奶与白糖的混合液拌匀, 即成面糊。

❷ 热一平底锅, 放入1大匙调匀的面糊, 煎至两面金黄至熟, 即可盛盘。

❸ 锅洗净, 将罐装综合水果的汤汁倒入锅内, 加入红酒、奶油以小火煮成酱汁。

❹ 于煎饼上摆上罐装水果丁, 淋上煮好的酱汁, 撒上糖粉即可。

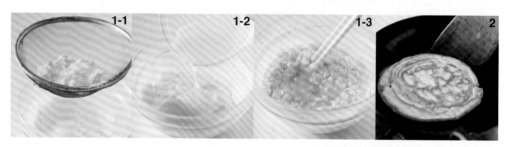

# 薯泥

**材料**

土豆300克, 动物性鲜奶油50毫升, 奶油1/2小匙

**调料**

盐1/4小匙, 黑胡椒粉适量

**做法**

❶ 土豆洗净去皮, 切片后放入沸水中, 煮熟后捞起, 压成泥状。

❷ 将薯泥加入动物性鲜奶油、奶油和盐拌匀, 团成球状, 撒上黑胡椒粉即可。

美式炒蛋

将2个鸡蛋和20毫升牛奶混合均匀成蛋液。锅中放入适量奶油,再倒入蛋液,以小火炒匀,撒上少许西芹末即可。

**搭配饮品**

# 猕猴桃香蕉奶昔

## 材料

猕猴桃60克,香蕉40克,原味酸奶150毫升

## 做法

① 将猕猴桃去皮切丁,香蕉剥皮取果肉切丁,放入冰箱冷冻24小时备用。

② 将猕猴桃丁、香蕉丁和原味酸奶,放入果汁机中混合搅打均匀。

③ 将果泥倒入杯中,加上猕猴桃片(分量外)装饰即可。

# 总汇三明治

## 材料

| | |
|---|---|
| 吐司 | 3片 |
| 吐司火腿 | 2片 |
| 鸡蛋 | 2个 |
| 西红柿 | 1/2个 |
| 小黄瓜 | 1/2根 |
| 食用油 | 适量 |

## 调料

| | |
|---|---|
| 沙拉酱 | 适量 |

## 做法

1. 小黄瓜洗净切丝，西红柿洗净切成圆片。

2. 取锅，倒入少许油烧热，将鸡蛋打入锅内，压破蛋黄，煎至熟后盛出。

3. 取锅，倒入少许油烧热，将吐司火腿放入后，煎至两面略黄成酥脆状，即可盛出。

4. 将吐司放入烤面包机中，烤至两面呈现脆黄状，除了外层的吐司只涂一面外，其余吐司的两面皆均匀地涂上沙拉酱备用。

5. 先取一片外层吐司(有沙拉酱的面朝内)，将小黄瓜丝、西红柿片放上，叠上另一层做法4的吐司，再放上吐司火腿及煎蛋，再叠上最后一片吐司，将叠好的三片吐司合拢，以牙签稍做固定，先切去吐司边再分切成四个三角形块即可。

# 水煮鸡肉三明治

## 材料

| | |
|---|---|
| 法国面包 | 1段 |
| 鸡胸肉 | 300克 |
| 西红柿片 | 2片 |
| 红叶莴苣 | 1片 |
| 绿叶莴苣 | 1片 |
| 苜蓿芽 | 2克 |
| 食用油 | 1大匙 |

## 调料

| | |
|---|---|
| 黑胡椒粉 | 1/2大匙 |
| 沙拉酱 | 适量 |

## 做法

1. 鸡胸肉洗净，放入适量滚水中，锅中加入食用油，以中火烫煮至滚开，熄火加盖闷约15分钟，捞出沥干水分，均匀撒上黑胡椒粉抹匀，待冷却后切薄片备用。

2. 红叶莴苣、绿叶莴苣均剥下叶片，洗净，泡入冷开水中至变脆，捞出沥干水分；苜蓿芽洗净沥干水分备用。

3. 法国面包中间切开但不切断，内面均匀抹上适量沙拉酱，依序夹入红叶莴苣、绿叶莴苣、苜蓿芽、鸡胸肉片和西红柿片即可。

# 蔬菜烘蛋三明治

### 🍳 材料

| | |
|---|---|
| 全麦吐司 | 3片 |
| 鸡蛋 | 2个 |
| 洋葱丝 | 5克 |
| 胡萝卜丝 | 2克 |
| 葱段 | 5克 |
| 圆白菜丝 | 10克 |
| 生菜 | 10克 |
| 西红柿片 | 3片 |
| 食用油 | 适量 |
| 奶油 | 1小匙 |

### 🧂 调料

| | |
|---|---|
| 胡椒粉 | 少许 |
| 盐 | 少许 |
| 沙拉酱 | 1小匙 |

### 📋 做法

1. 鸡蛋打成蛋液，加入胡椒粉和盐拌均匀；生菜剥下叶片洗净，泡入冷开水中至变脆，捞出沥干备用。

2. 平底锅倒入少许油烧热，放入洋葱丝、胡萝卜丝、圆白菜丝和葱段小火炒出香味，倒入调味的鸡蛋液摊平，改中火煎至蛋液熟透，盛出切成与吐司相同大小的方片备用。

3. 全麦吐司一面抹上奶油，放入烤箱中，以150℃略烤至呈金黄色，取出备用。

4. 取一片烤后的全麦吐司为底，依序放入生菜、西红柿片，盖上另一片全麦吐司，再放入煎蛋片并淋上沙拉酱，盖上最后一片全麦吐司，稍微压紧后切除四边吐司边，再对切成两份即可。

# 法式三明治

🍴 **材料**
白吐司2片，鸡蛋液适量，鲜奶油20毫升，火腿片2片，奶酪片1片

🍶 **调料**
沙拉酱1大匙

🍳 **做法**
① 将鸡蛋液打入碗中搅散，加入鲜奶油再次搅拌均匀后过滤一次备用。
② 一片白吐司单面抹上沙拉酱，备用。
③ 取白吐司为底，依序放入火腿片、奶酪片和另一片火腿片，盖上另一片白吐司，稍微压紧切除四边吐司边，表面均匀沾上奶油鸡蛋液备用。
④ 平底锅烧热，放入少许奶油烧融，放入做法3中的三明治，以小火将每一面均匀煎至呈金黄色，盛出。
⑤ 将煎好的三明治摊平，顶层抹上沙拉酱，对切成两个三角形后叠起即可。

# 南瓜吐司比萨

🍴 **材料**
厚片吐司2片，南瓜100克，奶酪丝25克，低筋面粉20克，奶油20克，豆浆200毫升，橄榄油1大匙

🍶 **调料**
盐适量，胡椒粉适量

🍳 **做法**
① 南瓜连皮切薄片，和少许盐、胡椒粉和1大匙橄榄油拌匀，备用。
② 热一锅，开小火加入奶油至融化，放入过筛的低筋面粉炒香，再分次加入豆浆搅拌均匀，煮至浓稠，加入少许盐和胡椒粉调味，即为白酱。
③ 将厚片吐司放入烤箱微烤至定型，取出涂上白酱，放上已调味的南瓜片，撒上奶酪丝，放入烤箱，以200℃烤至上色即可。

# 冰冻三明治

🍞 **材料**
白吐司3片，鸡蛋1个，火腿1片，鲜奶油50克，食用油适量

🧂 **调料**
白糖1小匙，沙拉酱适量

📋 **做法**
1. 鸡蛋打入碗中搅打均匀，倒入热油锅中，以小火煎成蛋皮，盛出切成与白吐司大小相同的蛋片备用。
2. 鲜奶油倒入干净无水的容器中以打蛋器快速搅拌数下，加入白糖继续搅打至成为湿润的固体状备用。
3. 取2片白吐司分别抹上一面沙拉酱，备用。
4. 取一片抹沙拉酱的白吐司为底，放入蛋片，盖上另一片抹沙拉酱的白吐司，抹上适量拌好的鲜奶油，并放入火腿片，再将最后一片白吐司抹上鲜奶油盖上，稍微压紧后切除四边吐司边，再对切成两份即可。

# 烤火腿三明治

🍞 **材料**
全麦吐司3片，火腿片2片，生菜2片

🧂 **调料**
沙拉酱1大匙

📋 **做法**
1. 生菜剥下叶片，洗净，泡入冷开水中至变脆，捞出沥干水分备用。
2. 火腿片放入烤箱以150℃烤约2分钟，取出备用。
3. 全麦吐司单面抹上沙拉酱，备用。
4. 取一片涂有沙拉酱的全麦吐司为底，依序放入一片生菜、一片火腿片，盖上另一片全麦吐司，再依序放入一片生菜、一片火腿片，盖上最后一片全麦吐司，稍微压紧后切除四边吐司边，再对切成两份即可。

# 苹果焦糖法式面包

## 材料

法式长条面包 1/2个
苹果(丁) 1个
奶油 15克

## 调料

白糖 2大匙
肉桂粉 适量

## 蛋液材料

鸡蛋 1个
牛奶 100毫升
白糖 1大匙

## 做法

1 将蛋液材料混合均匀,备用。

2 法国面包切1厘米厚片,沾裹蛋液约5分湿度。

3 热一平底锅,放入适量奶油(分量外),放入做法2中的面包,煎至双面呈金黄色即可盛盘。

4 另起一平底锅,开小火,放入白糖,以移动锅身的方式使糖均匀受热至焦糖化,续放入奶油至融化,再放入苹果丁沾裹均匀,淋于煎过的面包之上,最后撒上肉桂粉即可。

备注:在煮焦糖的时候,切记不要用任何工具去搅动糖,否则容易结晶。

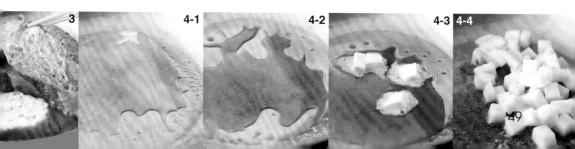

# 可乐饼三明治

## 材料
| | |
|---|---|
| 熟土豆泥 | 300克 |
| 洋葱(切末) | 1/2个 |
| 牛肉馅 | 70克 |
| 鲜奶油 | 20克 |
| 低筋面粉 | 适量 |
| 蛋液汁 | 适量 |
| 面包粉 | 适量 |
| 生菜 | 2片 |
| 西红柿片 | 3片 |
| 洋葱丝 | 少许 |
| 吐司 | 2片 |
| 食用油 | 适量 |
| 奶油 | 适量 |

## 调料
| | |
|---|---|
| 盐 | 少许 |
| 胡椒粉 | 少许 |
| 猪排酱 | 适量 |

## 做法
1. 将锅烧热倒入食用油，待油温热，加入奶油融化后，加入洋葱末炒软至透明色，再加入牛肉馅炒至变色，充分炒拌均匀，最后加入少许的盐及胡椒粉调味。
2. 将熟土豆泥与炒好的牛肉馅与鲜奶油一起搅拌均匀，用手整成数个大小适中的椭圆形肉饼状，并在双面都依序沾上适量的低筋面粉、蛋液汁及面包粉。
3. 将肉饼放入烧热约至170℃的油锅中炸约3分钟至熟透且表皮呈金黄色，起锅沥干油脂，即为可乐饼。
4. 吐司烤上色后，涂上奶油并依序铺上生菜、西红柿片及洋葱丝，最后夹入可乐饼，淋上猪排酱，再盖上吐司即可。

# 香蕉花生酱吐司

**材料**
吐司2片, 香蕉(切片)半根, 花生酱适量, 糖粉适量

**做法**
① 将吐司以烤面包机烤至表面呈现脆黄状, 取出, 于其上涂上花生酱, 放上香蕉片。
② 将吐司放入已预热180℃的烤箱中, 烤约3分钟, 再撒上糖粉即可。

---

# 全麦水果卷

**材料**
苹果(切片)1/2个, 草莓(切片)6个, 青苹果(切片)1/2个, 橘子1个, 全麦吐司3片

**调料**
沙拉酱适量

**做法**
　　橘子去皮切瓣。铺一层保鲜膜, 上面放上一片全麦吐司, 涂抹适量沙拉酱, 排入适量水果, 卷起, 切段后除去保鲜膜, 放入盘中即可。

---

# 生机三明治

**材料**
胚芽葡萄面包1片, 紫甘蓝丝适量, 苜蓿芽适量, 松子少许, 葡萄干少许, 苹果丝适量

**调料**
沙拉酱30毫升, 原味酸奶15克

**做法**
① 取一容器, 将所有材料(面包除外)混合备用。
② 调料混合拌匀成酱汁。
③ 胚芽葡萄面包纵向切开, 但不切断, 塞入做法1中的材料, 淋上酱汁即可。

# 蒙布朗三明治

### 材料
番薯200克，白豆沙50克，鲜奶油50克，熟蛋黄1个，奶油少许，去边吐司4片，挤花袋1个

### 做法
1. 番薯去皮切片，泡入水中去除淀粉质后沥干，再放入蒸笼蒸15~20分钟至熟软后，捣成泥状备用。
2. 熟蛋黄过筛后，与番薯泥、白豆沙及鲜奶油搅拌均匀备用。
3. 将吐司烤上色后，涂上奶油，将番薯泥装至挤花袋中，挤至吐司上后，盖上另一片吐司，最后对切即可。

# 虾仁烘蛋贝果

### 材料
全麦贝果1个，虾仁6尾，鸡蛋1个，豆浆15毫升，西红柿1/2个，小黄瓜1/2根，食用油适量

### 调料
盐适量，黑胡椒粉适量，沙拉酱1小匙

### 做法
1. 将鸡蛋和沙拉酱拌匀后，加入豆浆、盐、黑胡椒粉拌打均匀，西红柿、小黄瓜均洗净切片。
2. 热一锅，放入少许油，将虾仁煎至上色，续加入沙拉酱蛋液炒熟。
3. 贝果横剖切开，放入烤箱中微烤，取出依序放入西红柿片、做法2的虾仁蛋和小黄瓜片即可。

# 纽奥良烤鸡堡

## 材料

| | | | | |
|---|---|---|---|---|
| 去骨鸡翅 | 1只 | | | |
| 紫洋葱片 | 1片 | | | |
| 西红柿片 | 1片 | | | |
| 生菜叶 | 1片 | | | |
| 汉堡面包 | 1个 | | | |

## 腌料

| | |
|---|---|
| 番茄酱 | 1茶匙 |
| 白糖 | 1/4茶匙 |
| 酱油 | 10毫升 |
| 蒜末 | 2克 |
| 黑胡椒粉 | 1/4茶匙 |
| 黄芥末 | 1/4茶匙 |

## 做法

① 将去骨鸡翅与所有腌料拌匀后腌约15分钟至入味，备用。

② 将腌鸡翅取出置于烤盘中，放入已预热的烤箱内，以150℃的温度烤约5分钟后取出，再涂上一次腌料(做法1剩余的)，再以180℃的温度烤约8分钟取出。

③ 将汉堡面包放进烤箱略烤至热，取出后横剖开，于中间依序放上生菜叶、烤好的去骨鸡翅、西红柿片和紫洋葱片即可。

1　2-1 2-2

# 坚果鱼堡

**📋 材料**

中型面包1份，鲷鱼肉1片，蒸熟的土豆泥100克，牛奶2大匙，洋葱丝50克，小黄瓜丝50克，黄甜椒丝30克，红甜椒丝30克，烤熟的杏仁片、食用油各少许

**📋 调料**

盐适量，胡椒粉适量，低筋面粉少许，沙拉酱1大匙

**📋 做法**

1. 鲷鱼肉片双面均匀撒上少许的盐和胡椒粉，再拍上一层薄薄的低筋面粉；洋葱丝冲水洗除辛呛味，充分沥干水分，备用。

2. 热一平底锅，放入少许油，放入鲷鱼肉片煎至双面金黄，备用。

3. 土豆泥加入适量盐和胡椒粉拌匀，再加入沙拉酱和牛奶拌匀，备用。

4. 将面包横剖不切断，放入烤箱略烤，取出，依序夹入所有蔬菜丝、鲷鱼肉片、蒸熟的土豆泥，最后再撒上烤熟的杏仁片即可。

# 熏鸡潜艇堡

**📋 材料**

法国面包1/4段，紫洋葱圈适量，卷叶莴苣2片，生菜丝少许，熏鸡肉40克，酸黄瓜片3片

**📋 调料**

沙拉酱少许，黑胡椒粉适量

**📋 做法**

1. 法国面包横切成两片，放入烤箱中略烤热，涂抹上沙拉酱。

2. 取1片面包片，放上紫洋葱圈、卷叶莴苣、生菜丝、熏鸡肉和酸黄瓜片后，撒上黑胡椒粉，挤上沙拉酱，再盖上另一片面包片即可。

# PART 2

## 营养午餐

虽然现在外食族越来越多，但想吃得健康无负担，自己动手做午餐会是项不错的选择。不仅可以兼顾自己和家人的营养需求，也可以视情况简单变化每天要吃的午餐花样，不仅可以简单做炒饭和炒面，还可以做烩饭、烩面。一餐只要准备一道菜，就能吃得方便又开心。

# 黄金蛋炒饭

**材料**
蛋黄2个，米饭1碗，熟叉烧肉(切丁)30克，葱花
1大匙，食用油1大匙

**调料**
盐1/4茶匙，鸡精1/8茶匙

**做法**
1. 蛋黄打散，备用。
2. 热锅，加入1大匙食用油润锅，放入米饭。
3. 以中火炒至饭粒散开并炒热后，加入调料
   炒匀。
4. 先熄火，再淋入蛋黄液。
5. 利用锅子余温，快速拌炒至米饭粒粒沾裹
   蛋液，呈金黄均匀状。
6. 最后加入熟叉烧丁、葱花，开小火快速翻
   炒均匀即可。

# 香肠蛋炒饭

**材料**
米饭1碗，鸡蛋2个，香肠1条，胡萝卜丁10克，
四季豆丁10克，洋葱末10克，食用油适量

**调料**
酱油1大匙，白胡椒粉1/2小匙

**做法**
1. 鸡蛋打入碗中，搅拌均匀成蛋液；香肠切
   小片；四季豆汆水烫熟捞出沥水备用。
4. 取锅，加入少许油烧热，倒入蛋液滑散炒匀。
3. 加入香肠片炒香后，再放入米饭、胡萝卜丁、
   四季豆丁、洋葱末和调料拌炒均匀即可。

**关键提示**
炒饭的口味和材料相当多变，打开
家中冰箱有什么材料，都可以随意地运
用和变化。如香肠就是平日家中很常见
的食材，无论直接配饭吃或切成小块状
一同炒饭，都相当美味又下饭。

# 什锦菇炒饭

### 材料
米饭1碗(约250克)，鸡蛋2个，金针菇段20克，蟹味菇丝20克，干香菇丝20克，红甜椒丝10克，黄甜椒丝10克，青椒丝10克，洋葱丝10克，食用油适量

### 调料
酱油1大匙，白胡椒粉1小匙

### 做法
1. 鸡蛋打入碗中，搅拌均匀成蛋液；干香菇丝泡水洗净。
2. 取锅，加入少许油烧热，倒入蛋液炒匀。
3. 续加入金针菇段、蟹味菇丝、干香菇丝、红甜椒丝、黄甜椒丝、青椒丝、洋葱丝，加入米饭和调料炒匀即可。

# 三文鱼炒饭

### 材料
米饭1碗(约250克)，鸡蛋2个，三文鱼70克，洋葱末10克，葱末30克，金针菇段10克，食用油适量

### 调料
酱油1大匙，白胡椒粉1小匙，鸡精1/2小匙，米酒1大匙

### 做法
1. 三文鱼洗净沥干水分，切成小块状，放入油锅中炸至外观呈金黄色，捞起沥油备用。
2. 鸡蛋打入碗中，搅拌均匀成蛋液。
3. 取锅，加入适量油烧热，倒入蛋液滑散炒匀。
4. 续加入米饭和洋葱末、葱末、金针菇段拌炒后，再放入调料和炸过的三文鱼块略拌炒即可。

# 牛丼饭

**🐟 材料**

牛五花薄肉片150克，洋葱(切丝)1个，米饭适量，水75毫升

**🍶 调料**

米酒75毫升，酱油70毫升，白糖40克

**🍚 做法**

❶ 米饭盛入大碗中，备用。

❷ 平底锅中，倒入所有调料和水混合均匀为酱汁，再放入洋葱丝煮至柔软，续加入牛五花薄肉片煮熟后熄火。

❸ 将煮好的牛肉洋葱覆盖在米饭上，再淋入适量酱汁即可。

备注：食用时可依喜好另加入适量红姜丝搭配。

# 辣炒肉末盖饭

**🐟 材料**

猪肉馅150克，西红柿1个，洋葱1/2个，青辣椒2个，罗勒叶15克，蒜末10克，熟米饭1碗，食用油适量，水2大匙

**🍶 调料**

蚝油1/2小匙，酱油1大匙，白糖1大匙，辣椒酱1/2小匙，柠檬汁1大匙

**🍚 做法**

❶ 调料与水混合均匀；西红柿切丁；洋葱切丁；青辣椒去籽切圆丁，备用。

❷ 热一平底锅，放入少许食用油，加入蒜末炒香，接着加入猪肉馅炒至肉色变白松散，再加入西红柿丁、洋葱丁、青辣椒丁与混好的调料，充分拌炒均匀至略收汁，最后加入罗勒叶拌炒均匀即可关火。

❸ 在热米饭上盖上做法2中的材料即可。

# 牛肉咖喱饭

**材料**
牛腱肉100克,洋葱1/2个,土豆1个,胡萝卜1根,米饭适量,水5杯

**调料**
咖喱块6小块(约125克)

**做法**

1. 牛腱肉去筋膜,用热水冲洗干净;洋葱去膜切片;土豆、胡萝卜去皮切块,备用。
2. 取一电饭锅内锅,加入水、洋葱片及牛腱肉,放入电饭锅内,外锅加3杯水,按下开关。
3. 待开关跳起后,取出牛腱肉冲水至凉后切块状,再放回内锅中,另加入土豆块、胡萝卜块,外锅加1杯水,按下开关。
4. 开关跳起后,放入咖喱块拌匀,外锅加1杯水,按下开关,待开关跳起。(若不够浓稠,可再续加热到呈浓稠状)
5. 米饭盛入盘中,淋入适量的做法4材料即可。

# 亲子丼

**材料**
去骨鸡腿肉(切粗丁)150克,洋葱(切丝)1/2个,鸡蛋(打散)2个,米饭适量,水100毫升

**调料**
酱油30毫升,味淋25毫升,米酒15毫升

**做法**

1. 米饭盛入大碗中,备用。
2. 将所有调料和水混合拌匀为酱汁,备用。
3. 平底锅中,放入洋葱丝与混合的酱汁,煮至洋葱稍软后加入鸡腿肉丁煮熟,再以画圆圈方式淋入蛋液,待蛋液煮至半熟后熄火,倒入米饭上即可。

备注: 食用时可依喜好另加入适量七味粉增加风味。

# 糙米薏仁饭

## 材料

**A:**

| | |
|---|---|
| 糙米 | 150克 |
| 薏仁 | 150克 |
| 红米 | 30克 |
| 红豆 | 30克 |

**B:**

| | |
|---|---|
| 胡萝卜 | 60克 |
| 芹菜 | 60克 |
| 鲜香菇 | 2朵 |
| 食用油 | 适量 |
| 水 | 400毫升 |

## 调料

| | |
|---|---|
| 盐 | 1/3小匙 |
| 味淋 | 1小匙 |

## 做法

1. 将所有材料A洗净，以温水泡2小时，沥干水分，备用。

2. 胡萝卜洗净去皮，切小丁；芹菜去除粗纤维切小丁；鲜香菇洗净切小丁，备用。

3. 热一锅，放入少许食用油，加入胡萝卜丁、芹菜丁、鲜香菇丁炒香。

4. 续将泡好的材料A、水和所有调料放入电饭锅内锅中，外锅放300毫升的水，按下开关至跳起，将饭翻拌之后，再焖10分钟即可。

# 上海菜饭

### 🍲 材料
大米2杯，水2杯，干香菇5朵，香肠3根，上海青2棵，蒜2瓣，红辣椒1/3个，姜15克，鲜香菇3朵

### 🥘 调料
盐少许，白胡椒粉少许，酱油1大匙，香油1小匙

### 🍳 做法
1. 大米洗净，浸泡清水约30分钟，沥干备用。
2. 干香菇泡水至软切片，香肠切丁，上海青切碎，蒜、红辣椒、姜切碎，鲜香菇切片备用。
3. 将做法2中的材料和大米加所有调料和水放入电饭锅中，搅拌均匀，按下煮饭键煮至开关跳起，翻松材料再焖10～15分钟即可。

# 竹笋鸡肉饭

### 🍲 材料
大米2杯，水2杯，鸡腿肉2个，竹笋2根，芹菜2根，蒜4瓣，红辣椒1/3个，毛豆仁20克

### 🥘 调料
酱油2小匙，白糖少许，香油少许

### 🍳 做法
1. 大米洗净，浸泡清水约20分钟，沥干备用。
2. 鸡腿肉切成小条状，放入所有调料腌渍约15分钟；毛豆仁汆烫至熟，取出泡冷水至冷，备用。
3. 竹笋切滚刀块；芹菜切小段；蒜与辣椒切片，备用。
4. 将大米、鸡肉条和做法3中的材料加水放入电饭锅中，按下煮饭键煮至开关跳起，翻松材料再焖10～15分钟，加入毛豆仁即可。

# 鲍菇炊饭

## 🐟 材料
大米2杯，水1.8杯，杏鲍菇300克，食用油适量，奶油1大匙

## 🥄 调料
A：酱油1小匙，味淋1小匙
B：柴鱼酱油1大匙，米酒1大匙，盐少许
C：七味粉少许

## 🍚 做法
❶ 大米洗净，浸泡清水10～15分钟，沥干备用。

❷ 杏鲍菇洗净，切适当片状备用。

❸ 热锅，放入少许食用油，再放入奶油烧至融化，放入杏鲍菇片煎至两面上色，再加入调料A拌炒均匀，取出备用。

❹ 将大米和煎熟的杏鲍菇、调料B与水放入电饭锅中拌匀，按下煮饭键煮熟后翻松，续焖10～15分钟，撒上七味粉即可。

# 和风芋香炊饭

## 🐟 材料
大米2杯，水1.8杯，芋头200克，牛蒡50克，魔芋块100克，毛豆仁30克，胡萝卜20克

## 🥄 调料
柴鱼酱油1大匙，米酒1大匙，盐少许

## 🍚 做法
❶ 大米洗净，浸泡清水10～15分钟，沥干备用。

❷ 芋头去皮切粗丁；牛蒡用刀背刮去表皮，用刨刀刨成细丝，泡水后沥干；魔芋块放入水中氽烫2分钟后切粗丁；胡萝卜去皮切细丝；毛豆仁氽烫后泡冷水，备用。

❸ 将做法1、做法2的材料(毛豆仁除外)、所有调料与水放入电饭锅中拌匀，按下煮饭键煮熟后翻松，续焖10～15分钟，拌入毛豆仁即可。

# 鲷鱼咸蛋菜饭

### 🐟 材料

鲷鱼片200克，咸蛋50克，鲜香菇片20克，寿司米100克，水100毫升，小豆苗20克

### 🍲 做法

① 寿司米洗好备用，咸蛋切丁。

② 内锅放入寿司米和剩余材料(小豆苗除外)，放入电饭锅中，外锅加入1杯水后按下开关，烹煮至开关跳起。

③ 续放入小豆苗焖约1分钟即可。

**关键提示** 因为鲷鱼片煮时容易破碎，所以处理食材时，不要将鱼片切得太小块，这样菜饭煮起来时也较美观。

# 台式经典炒面

### 🐟 材料

油面200克，干香菇3克，虾米15克，肉丝100克，胡萝卜10克，圆白菜100克，高汤100毫升，红葱末10克，芹菜末少许，食用油适量

### 🧂 调料

盐1/2小匙，鸡精1/4小匙，白糖少许，老醋1小匙

### 🍲 做法

① 干香菇泡软后洗净、切丝；虾米洗净；胡萝卜洗净、切丝；圆白菜洗净、切丝，备用。

② 热一油锅，倒入食用油烧热，放入红葱末以小火爆香至微焦后，加入香菇丝、虾米及肉丝一起炒至肉丝变色。

③ 续于锅内放入胡萝卜丝、圆白菜丝炒至微软后，再加入所有调料和高汤煮至滚。

④ 锅内加入油面和芹菜末，一起拌炒至汤汁收干即可。

# 牛肉炒面

### 🍜 材料
油面300克，牛肉片100克，鲜香菇片10克，蒜末1/2茶匙，胡萝卜片20克，油菜段50克，水350毫升，食用油适量

### 🍶 调料
盐1/4茶匙，白醋1大匙，白糖2茶匙

### 🍶 腌料
酱油1大匙，白糖1/2茶匙，淀粉1大匙，米酒1/2茶匙，胡椒粉1/4茶匙

### 🍲 做法
❶ 将牛肉片放入所有腌料抓匀，备用。

❷ 取锅烧热后，加入食用油，放入腌牛肉片与蒜末炒至颜色变白，再加入油面、香菇片、胡萝卜片，以中火炒3分钟。

❸ 于锅内加入水与所有调料，开中火保持沸滚状态，盖上锅盖焖煮2分钟，加入油菜段，以大火煮至汤汁收干即可。

**关键提示** 担心把牛肉炒得太老吗？只要在下锅前，将牛肉片均匀沾上蛋汁，并沾多一点淀粉，下锅时记得用大火快炒，就可以轻松做成滑嫩美味的炒牛肉了。

---

**关键提示** 担心把牛肉炒得太老吗？只要在下锅前，将牛肉片均匀沾上蛋汁，并沾多一点淀粉，下锅时记得用大火快炒，就可以轻松做成滑嫩美味的炒牛肉了。

# 家常炒面

### 🍜 材料
鸡蛋面150克，洋葱丝20克，胡萝卜丝10克，肉末50克，油葱酥10克，小白菜段50克，食用油适量

### 🍶 调料
酱油1/2小匙，白胡椒粉1/2小匙

### 🍲 做法
❶ 取锅，加入少许盐(分量外)于煮滚沸水中，将鸡蛋面放入锅中，用筷子一边搅拌至滚沸。

❷ 加入100毫升的冷水煮至再次滚沸，再加入100毫升的冷水至滚沸，将煮好的面捞起来沥干，加入少许油拌匀，防止面条黏住。

❸ 取锅，加入少许油烧热，放入洋葱丝、胡萝卜丝、油葱酥和肉末加调料炒香。

❹ 加入少许水，放入煮熟的面条快速拌炒，盖上锅盖焖煮让汤汁略收干，起锅前再加入小白菜段，略翻炒即可。

# 什锦炒面

### 🍲 材料
油面250克，猪肉丝30克，黑木耳丝20克，蒜末1/2茶匙，胡萝卜丝30克，虾仁30克，圆白菜丝50克，葱段1根，水350毫升，食用油适量

### 🍶 调料
酱油1大匙，盐1/4茶匙，白糖1/4茶匙，胡椒粉1/2茶匙，香油1/2茶匙

### 📋 腌料
淀粉1/2茶匙，盐1/4茶匙

### 🍴 做法
1. 猪肉丝放入腌料抓匀腌10分钟，备用。
2. 取锅烧热后加入食用油，放入蒜末爆香，加入腌猪肉丝、虾仁炒2分钟盛出。
3. 续于锅内放入油面炒2分钟，加入水、黑木耳丝、胡萝卜丝、所有调料及炒猪肉丝与虾仁，滚沸后盖上锅盖中火焖煮至汤汁略收干，加入圆白菜丝与葱段，大火炒软即可。

# 日式炒乌冬面

### 🍲 材料
乌冬面150克，猪五花薄肉片60克(切段)，洋葱1/3颗(切丝)，圆白菜片80克，青椒丝40克，黄甜椒丝40克，红甜椒丝40克，水3大匙，食用油适量

### 🍶 调料
柴鱼酱油1大匙

### 🍴 做法
1. 乌冬面汆烫后捞起、沥干，备用。
2. 热锅，加入适量食用油，放入猪五花薄肉片炒至上色，再依序加入洋葱丝、圆白菜片、青椒丝、黄甜椒丝、红甜椒丝略炒均匀。
3. 于锅中续加入乌冬面，再加入柴鱼酱油和水充分拌炒均匀入味即可。

# 台式凉面

## 🥢 材料
细油面(熟)200克，小黄瓜30克，胡萝卜30克，绿豆芽30克，凉开水30毫升

## 🍶 调料
芝麻酱1茶匙，花生酱1/2茶匙，蒜泥1/2茶匙，味精1/4茶匙，白糖1/2茶匙，酱油1茶匙，老醋1茶匙

## 🍲 做法
1. 取碗加入芝麻酱调开后，再加入花生酱搅拌均匀，将凉开水分成三次倒入碗中，每次倒完就将碗中的酱与水一起调匀。
2. 再于碗中加入蒜泥、白糖、味精拌匀后，再加入酱油和老醋一起拌匀即为凉面酱。
3. 细油面放在盘上；将小黄瓜及胡萝卜洗净切成细丝，和绿豆芽一起放入沸水中汆烫，再迅速放入冰水中漂凉，捞起沥干水分，放入盘子里，淋上调好的凉面酱即可。

# 什锦菇彩椒面

## 🥢 材料
意大利面80克，蘑菇片5克，鲜香菇片3克，鲍鱼菇片5克，洋葱丝5克，红甜椒丝10克，黄甜椒丝10克，青椒丝10克，蒜2瓣(切片)，高汤200毫升，食用油适量

## 🍶 调料
白酒10毫升，盐1/4茶匙，黑胡椒粉1/4茶匙，奶酪粉1/2茶匙

## 🍲 做法
1. 意大利面放入滚水中煮熟后，捞起泡冷水至凉，再以少许橄榄油(材料外)拌匀备用。
2. 热油锅，大火炒香所有菇片后，加入蒜片、洋葱丝、意大利面、青椒丝、红甜椒丝、黄甜椒丝、高汤及所有调料拌炒入味即可。

# 西红柿肉酱意大利面

### 🍜 材料

| | |
|---|---|
| 意大利圆直面 | 80克 |
| 肉馅 | 20克 |
| 洋葱末 | 10克 |
| 蒜 | 2个 |
| （切末） | |
| 胡萝卜末 | 5克 |
| 西芹末 | 5克 |
| 番茄汁 | 30毫升 |
| 食用油 | 适量 |

### 🧂 调料

A:

| | |
|---|---|
| 意大利综合香料 | 1/4茶匙 |
| 香叶 | 1片 |
| 罗勒叶丝 | 3片 |

B:

| | |
|---|---|
| 白糖 | 1/2茶匙 |
| 奶酪粉 | 5克 |

C:

| | |
|---|---|
| 番茄酱 | 1/2茶匙 |

### 📋 做法

❶ 意大利圆直面放入滚水中煮8～10分钟至熟后，捞起泡冷水至凉，再以少许橄榄油(材料外)拌匀，备用。

❷ 热油锅，放入肉馅、洋葱末、蒜末炒香后，加入胡萝卜末、西芹末、番茄酱、番茄汁拌炒均匀。

❸ 于锅中加入调料A，转小火煮至汤汁变浓稠。

❹ 再于锅中加入煮好的意大利面及调料B拌匀即可。

# 海鲜炒乌冬面

### 🦪 材料
乌冬面200克，牡蛎50克，虾仁50克，墨鱼60克，葱1棵，鱼板2片，鱿鱼50克，蒜末5克，红辣椒片少许，食用油2大匙，高汤100毫升

### 🫙 调料
盐少许，鲜味露1大匙，蚝油1小匙，鸡精1/2小匙，米酒1小匙，胡椒粉少许

### 🍳 做法
1. 葱洗净、切段，将葱白、葱叶区分开；牡蛎洗净；虾仁洗净、去肠泥；墨鱼洗净后于背部切花再切小片；鱿鱼洗净后于背部切花再切小片；鱼板切小片，备用。
2. 热锅，倒入食用油，放入蒜末和葱白爆香，加入做法1中的所有海鲜材料快炒至8分熟。
3. 再于锅内放入高汤、所有调料一起煮滚后，再加入乌冬面、红辣椒片和葱叶拌炒入味即可。

# 鸡肉炒面

### 🦪 材料
宽面200克，鸡肉丁80克，胡萝卜丁50克，青豆30克，食用油适量

### 🫙 调料
蘑菇酱4大匙

### 🍳 做法
1. 备一锅滚水，放入宽面、胡萝卜丁、青豆煮至熟，捞起备用。
2. 热油锅，放入鸡肉丁炒香，再将烫熟的胡萝卜丁和青豆一起拌炒至熟。
3. 续加入蘑菇酱调味后，再将已熟的面条放入锅中，翻炒均匀即可。

# 猪肉什锦面

### 材料
猪肉120克，油面(熟)120克，四季豆3根，芹菜1根，虾仁5尾，蒜2瓣，红辣椒1/3根，水150毫升,食用油适量

### 调料
白糖1小匙，豆瓣酱1小匙，盐少许，白胡椒粉少许，淀粉1大匙

### 做法
1. 四季豆、芹菜切段；蒜、红辣椒切片；猪肉切丝；虾仁(去虾线)，再放入滚水中汆烫后捞起沥干，备用。
2. 取锅，加入食用油，放入猪肉丝爆香，再加入汆好的四季豆、芹菜、蒜片、红辣椒片以中火爆香。
3. 再加入汆烫好的虾仁、水和所有的调料一起翻炒。
4. 取碗放入油面,将炒好的材料盛在面上即可。

# 蒜香干拌面

### 材料
猪肉馅200克，蒜末60克，水400毫升，细拉面130克，葱丝、红辣椒丝、食用油各适量

### 调料
酱油50毫升,酱油10毫升,冰糖10克,盐少许,胡椒粉少许,米酒1大匙

### 做法
1. 热锅，倒入适量油，放入蒜末爆香至金黄色取出备用。
2. 锅中留油，放入猪肉馅炒至变色，加入所有调料炒香，续放入炒香的蒜末和水，煮约30分钟至入味即成蒜香肉酱。
3. 煮一锅滚水，放入细拉面煮至水再次滚沸，加入1杯冷水续煮，待面条熟后捞起盛入碗中。
4. 加入适量蒜香肉酱，再撒上葱丝和红辣椒丝即可。

# 中式传统凉面

## 🥘 材料

| | |
|---|---|
| 油面 | 200克 |
| 豆芽菜 | 30克 |
| 鸡胸肉 | 30克 |
| 小黄瓜丝 | 30克 |
| 胡萝卜丝 | 20克 |
| 蛋丝 | 30克 |
| 火腿丝 | 30克 |
| 蒜泥 | 5克 |
| 凉开水 | 20毫升 |

## 🥫 调料

| | |
|---|---|
| 芝麻酱 | 60克 |
| 花生酱 | 20克 |
| 辣豆腐乳 | 10克 |
| 白糖 | 5克 |
| 酱油 | 20毫升 |
| 老醋 | 20毫升 |

## 📋 做法

1. 先把芝麻酱和凉开水拌匀，倒入果汁机中，续将其余调料和蒜泥倒入果汁机中，打匀即为传统凉面酱，备用。

2. 油面放入滚水略氽烫，立即捞起油面泡入冰水中，再捞起沥干盛入盘中备用。

3. 将鸡胸肉放入滚沸水中，待鸡胸肉呈现白色即关火，利用余温让肉烫约15分钟，捞起沥干放凉后，剥成细丝备用。

4. 将豆芽菜洗净，放入滚水氽烫，捞起沥干，备用。

5. 将传统凉面酱淋在盘中的面上，续放入豆芽菜、鸡胸肉丝、小黄瓜丝、胡萝卜丝、蛋丝和火腿丝即可。

# 四川担担面

**材料**

细阳春面110克，猪肉馅120克，红葱末10克，蒜末5克，葱末15克，葱花少许，熟白芝麻少许，食用油适量

**调料**

花椒粉少许，干辣椒末适量，红油1大匙，芝麻酱1小匙，蚝油1/2大匙，酱油1/3大匙，盐少许，白糖1/4小匙

**做法**

1. 热锅，加入食用油，爆香红葱末、蒜末，再加入猪肉馅炒散，续放入葱末、花椒粉、干辣椒末炒香。

2. 于锅中续放入其余调料拌炒入味，再加入100毫升的水(材料外)炒至微干入味，即为四川担担酱。

3. 煮一锅水，水沸后放入细阳春面拌散，煮约1分钟后捞起沥干盛入碗中。

4. 于面碗中加入适量四川担担酱，最后撒上葱花与熟白芝麻即可。

# 黑胡椒炒面

**材料**

细面200克，猪肉丝80克，胡萝卜丝50克，毛豆30克，食用油适量

**调料**

酱油1茶匙，黑胡椒酱4大匙

**做法**

1. 猪肉丝以酱油腌渍10分钟。

2. 备一锅滚水，放入细面和毛豆煮至熟，分别捞起备用。

3. 起一油锅，放入猪肉丝翻炒，再放胡萝卜丝和毛豆一起翻炒。

4. 续加入黑胡椒酱，改转小火拌炒后，再放入细面翻炒均匀即可。

# 酱汁猪排

### 🦐 材料
猪肋排2片，米饭1碗(约250克)，葱2棵，蒜2瓣，红辣椒1/2个，玉米笋3支，水500毫升，食用油适量

### 🍶 调料
酱油2大匙，八角2粒，丁香2粒，五香粉1小匙，白糖1小匙

### 🍲 做法
1. 猪肋排先用菜刀去筋，再用拍肉器拍平备用。
2. 将葱切段；红辣椒、蒜切片；玉米笋切斜片，备用。
3. 取一个炒锅，加入食用油，再加入做法2中的材料以中火爆香。
4. 续加入所有的调料和水煮至滚沸后，再将猪肋排放入锅中，以中小火煮约10分钟，捞起切片。
5. 米饭装入碗中，再将锅中的配料连同汤汁和猪肋片放在饭上即可。

# 水果咖喱炖肉

### 🦐 材料
梅花肉块300克，土豆100克，胡萝卜50克，洋葱50克，苹果1个，菠萝100克，香蕉1/2根，木瓜100克，椰奶100毫升，柴鱼高汤200毫升，食用油3大匙

### 🍶 调料
酱油3大匙，味淋3大匙，白糖1小匙，咖喱粉2大匙

### 🍲 做法
1. 梅花肉块切厚片；土豆、胡萝卜去皮洗净，切小滚刀块；洋葱切丁；苹果、菠萝、木瓜去皮切小块；香蕉去皮切片，备用。
2. 取锅，加入食用油，放入切好的蔬菜块和咖喱粉以小火炒5分钟。
3. 接着加入柴鱼高汤和香蕉片、木瓜块和其余调料煮15分钟。
4. 加入梅花肉块、苹果块、菠萝块和椰奶煮5分钟，即可搭配米饭(材料外)一起食用。

# 芋头炖肉块

### 材料
梅花肉300克, 芋头丁100克, 四季豆(切段)6根, 胡萝卜丁50克, 蒜泥1/2小匙, 食用油适量, 高汤300毫升

### 调料
盐1小匙, 白糖1/4小匙, 鸡精1/4小匙, 料酒1小匙

### 做法
1. 梅花肉洗净切块, 放入滚水中汆烫去血水, 捞起沥干备用。
2. 将芋头丁放入油锅中炸至外观略呈焦黄色, 捞起沥油。
3. 取锅, 加入食用油, 将蒜泥爆香, 放入梅花肉块略炒后, 加入高汤、胡萝卜丁、所有调料和炸好的芋头丁煮至汤汁略浓稠, 放入四季豆段煮滚即可。

# 辣酒洋葱炖肉条

### 材料
梅花肉300克, 洋葱100克, 四季豆80克, 姜片3片, 蒜末1小匙, 淀粉1大匙, 辣椒酱2小匙, 高汤500毫升, 食用油2大匙

### 调料
酱油3大匙, 白糖1大匙, 米酒3大匙

### 做法
1. 梅花肉洗净切条, 加入淀粉拌匀备用。
2. 洋葱切粗条; 四季豆去蒂, 对半切断。
3. 取锅, 加入食用油, 将梅花肉条煎香, 加入姜片、蒜末炒香后, 再加入辣椒酱略拌炒。
4. 接着加入高汤和调料, 以小火煮15分钟, 再加入洋葱条和四季豆煮3分钟即可。

# 黑胡椒牛柳拌酱

## 材料

| | |
|---|---|
| 牛肉 | 300克 |
| 红辣椒片 | 1/4小匙 |
| 洋葱片 | 1大匙 |
| 蒜片 | 1/4小匙 |
| 胡萝卜片 | 1小匙 |
| 食用油 | 适量 |
| 水 | 300毫升 |

## 调料

| | |
|---|---|
| 黑胡椒粉 | 1小匙 |
| 白糖 | 1/2小匙 |
| 酱油 | 1小匙 |
| 番茄酱 | 1小匙 |
| 料酒 | 1大匙 |

## 腌料

| | |
|---|---|
| 白糖 | 1/4小匙 |
| 酱油 | 1/4小匙 |
| 料酒 | 1/2大匙 |
| 鸡蛋 | 1个 |
| 淀粉 | 1/2大匙 |
| 食用油 | 1/2大匙 |

## 做法

1. 牛肉切成条状，加入所有腌料抓匀，静置腌约10分钟，备用。

2. 热锅，放入少许油，待油温加热至约150℃，放入牛柳条炒匀至牛柳约五分熟后，捞出沥干油。

3. 于锅中留少许油，放入红辣椒片、洋葱片、蒜片及胡萝卜片，以小火炒香。

4. 续于锅中加入黑胡椒粉炒香，再加入水和其他调料以小火炒匀，续加入炒过的牛柳，转大火拌炒至熟即可。

# 胡萝卜洋葱牛肉片

**材料**
牛腱肉400克，胡萝卜200克，洋葱1/2个，口蘑5朵，食用油2大匙，蒜末1/2茶匙，水500毫升，欧芹末少许

**调料**
蚝油1大匙，料酒2大匙，盐1/4茶匙，白糖1大匙，番茄酱1大匙

**做法**
1. 胡萝卜洗净，放入调理机中打成泥状，倒出备用。
2. 洋葱和口蘑切片；牛腱肉切片，备用。
3. 取锅，加入食用油，将蒜末、番茄酱以小火炒3分钟。
4. 接着加入胡萝卜泥和牛腱肉、水、其余调料、洋葱片、口蘑片煮10分钟，撒上欧芹末，即可搭配米饭一起食用。

# 牛蒡烩鸡腿

**材料**
鸡腿3个，牛蒡30克，胡萝卜1/3根，蒜3瓣，玉米笋3支，食用油适量，水600毫升

**调料**
酱油2大匙，白糖1小匙，鸡精1小匙，香油1小匙

**做法**
1. 将鸡腿洗净切成大块状，再放入滚水中汆烫过水备用。
2. 新鲜牛蒡去皮，切成斜段状，再放入滚水中汆烫过水；胡萝卜切片；蒜拍扁；玉米笋洗净，备用。
3. 起一个炒锅加入食用油，放入胡萝卜片、蒜和玉米笋以中火略炒，再加入鸡肉块、牛蒡段及调料炒匀。
4. 以中火煮约25分钟至牛蒡与鸡肉煮软即可。

# 照烧鸡块

### 材料
去骨鸡腿1个，米饭1碗(约250克)，玉米笋5支，葱1棵，姜片10克，洋葱1/2个，开水350毫升，食用油适量

### 调料
酱油2大匙，白糖1大匙，米酒2大匙，盐少许，白胡椒粉少许

### 做法
1. 所有材料均备好、洗净；去骨鸡腿切成小块状；玉米笋斜切；葱切段；洋葱切丝。
2. 起一个炒锅，先加入1大匙食用油，放入切好的鸡腿肉爆香。
3. 续加入做法2的所有材料以小火翻炒均匀。
4. 再加入所有的调料和开水，以中火烩煮至汤汁略收干即可。
5. 米饭装入碗中，再将炒好的照烧鸡腿块放在饭上即可。

# 味淋炖嫩鸡

### 材料
去骨鸡腿300克，干香菇10朵，莲藕块50克，土豆块100克，水500毫升

### 调料
味淋50毫升，日式香菇酱油2大匙

### 做法
1. 去骨鸡腿切大块，放入滚水中氽烫去血水，捞起冲水洗净备用。
2. 干香菇泡温水后捞起。
3. 取炖锅，放入所有材料和调料，以小火炖煮约20分钟，即可搭配米饭一起食用。

# 黄花菜木耳炖鸡

### 材料
鸡腿2个，黑木耳40克，干黄花菜15克，甜豆6条，蒜末1/2小匙，高汤500毫升，淀粉1大匙，食用油适量

### 调料
蚝油1大匙，盐1/4小匙，白糖1/2小匙，甜面酱1小匙，胡椒粉1/2小匙，香油1小匙

### 做法
1. 鸡腿切块，冲水洗净，加入淀粉拌匀，放入油锅中炸至表面干脆，捞起沥油。
2. 黑木耳和干黄花菜泡入水中至涨发后，去蒂头。
3. 取锅，将蒜末和甜面酱爆香，放入炖锅中，再加入高汤、过油的鸡腿快煮5分钟。
4. 续加入泡发的黑木耳和黄花菜、所有调料(甜面酱除外)、甜豆煮3分钟即可。

# 三鲜拌酱

### 材料
虾仁120克，鱿鱼1尾，五花肉片120克，蒜5瓣(切片)，红辣椒1个(切片)，洋葱丝1/3个，葱(切段)1根，上海青(切段)2棵，食用油适量

### 调料
白胡椒粉少许，盐少许，香油1小匙，沙茶酱1大匙，蚝油1大匙，白糖1小匙，鸡精1小匙，淀粉1大匙，水200毫升

### 做法
1. 五花肉片沾上薄淀粉，鱿鱼去内脏洗净切小圈，虾仁去虾线，分别放入滚水中氽烫，捞起沥干备用。
2. 起锅先加入食用油，再加入洋葱丝、蒜片、红辣椒片爆香后，加入氽烫好的食材，再加入所有的调料以中火烩煮。
3. 最后加入少许的淀粉水(分量外)勾薄芡后，放入葱段和上海青段略烩煮即可。

# 浓茄汁鱿鱼煲

## 🦑 材料
鱿鱼2尾，洋葱150克，甜豆(切段)5条，西红柿糊2大匙，蒜末1大匙，高汤300毫升，食用油2大匙

## 🧂 调料
番茄酱2大匙，白醋1小匙，白糖2小匙，料酒1大匙，酱油1大匙

## 🍳 做法
1. 鱿鱼除去内脏，清洗干净后，先切花刀，再分切小片备用。
2. 洋葱切片，甜豆切段备用。
3. 取锅，加入食用油，放入蒜末炒香，再放入鱿鱼和西红柿糊以小火炒2分钟，加入高汤、调料和洋葱片煮10分钟，再放入甜豆段煮1分钟，即可搭配面条一同食用。

# 五色蔬菜鱼块

## 🦑 材料
鲈鱼净肉200克，南瓜30克，莲藕20克，红甜椒20克，小黄瓜30克，黑木耳30克，姜片20克，淀粉1大匙，高汤250毫升，食用油2大匙

## 🧂 调料
盐1小匙，胡椒粉1/2小匙，米酒1大匙

## 🍳 做法
1. 鲈鱼净肉加入淀粉拌匀备用。
2. 南瓜、莲藕去皮切片；黑木耳、小黄瓜和红甜椒洗净切片备用。
3. 取锅，加入食用油，将鲈鱼块放入锅中煎至两面金黄取出。
4. 锅中留少许油，放入姜片和做法2中的材料略炒后，加入高汤、所有调料和煎好的鱼块煮5分钟即可。

# 什锦菇拌酱

### 📋 材料
A：杏鲍菇片50克，秀珍菇片30克，金针菇30克，
　　香菇30克，胡萝卜片10克，上海青3棵
B：鸡蛋1个，食用油适量，水200毫升

### 🧂 调料
A：盐1小匙，鸡精1小匙，白糖1小匙
B：水淀粉1大匙，香油1小匙

### 🍳 做法
1. 将所有材料A放入滚水中汆烫熟，再捞起沥干水分，备用。
2. 热锅，加入适量食用油，放入所有烫熟的材料与调料A、水拌煮均匀，再加入水淀粉拌匀后熄火。
3. 续于锅中淋入打散的鸡蛋，轻轻翻拌约2分钟至蛋液凝固成滑溜的琉璃蛋，再滴入香油拌匀盛起，和米饭（材料外）一起食用即可。

# 什锦蔬菜烩肉片

### 📋 材料
山药250克，胡萝卜30克，豌豆荚40克，西蓝花50克，玉米粒40克，黑木耳丝20克，生香菇条20克，草菇片40克，姜片30克，绿豆芽20克，肉片100克，食用油适量，水300毫升

### 🧂 调料
素蚝油2大匙，盐1茶匙，白糖1大匙，水淀粉2大匙，白胡椒粉1/2茶匙，香油1大匙

### 🍳 做法
1. 山药及胡萝卜切片，放入滚水中汆烫后捞起沥干；豌豆荚去粗纤维切片；西蓝花切小朵，备用。
2. 热锅，倒入适量食用油，放入姜片以中小火炒香，加入肉片及其余所有材料，转大火炒香，再加入水和所有调料(水淀粉及香油先不用)炒匀。
3. 水淀粉拌匀勾芡，起锅前淋入香油即可。

# 青柚香茶

**材料**

冰无糖青茶1000毫升，新鲜葡萄柚汁500毫升

**做法**

将冰无糖青茶和葡萄柚汁混合拌匀后，放入冰箱中冷藏即可。

# 香煎三文鱼排

**材料**
新鲜三文鱼排200克，食用油适量

**调料**
意大利综合香料1/4小匙，盐1/4匙

**做法**
❶ 将三文鱼排双面皆平均撒上所有调料。
❷ 起一锅，放入适量油，放入三文鱼排，以小火煎熟即可。

# 奶油五谷饭

**材料**
五谷米100克，奶油1/2小匙，水120毫升

**做法**
❶ 五谷米洗净，泡水约30分钟，沥干水分备用。
❷ 将五谷米放入电饭锅中，加入120毫升的水，按下煮饭键，煮至开关跳起。
❸ 将五谷饭和奶油拌匀即可。

# 甜豆炒椒条

**材料**
甜豆30克，黄甜椒条10克，红甜椒条20克，奶油1/4小匙

**调料**
盐1/4匙

**做法**
❶ 将所有材料放入沸水中汆烫，捞起沥干备用。
❷ 起一锅，放入适量油(材料外)，加入汆烫过的所有材料和盐，以大火拌炒均匀即可。

# 波本香料烤猪排

### 材料
猪排1片(约300克),面包粉10克,
无盐奶油1/2大匙,食用油适量

### 腌料
盐1/4小匙,胡椒粉1/4小匙,意大利综
合香料1/4小匙,法国波本酒200毫升

### 做法
1. 猪排加入所有腌料,腌渍约20分钟。
2. 热一平底锅,倒入少许油,放入腌好
   的猪排,以大火煎至两面金黄。
3. 续将猪排放入烤箱,以200℃烤约5分
   钟后取出,撒上面包粉再烤约1分钟。
4. 将腌料留下的腌汁加入无盐奶油,以小火
   熬煮至浓稠成酱汁,淋至猪排上即可。

# 南瓜蔬菜炖饭

### 材料
长粒米50克,杏鲍菇丁20克,
鲜香菇丁20克,洋葱丁5克,西
芹丁3克,红甜椒丁5克,黄甜椒丁
5克,熟南瓜泥50克,橄榄油1大匙

### 腌料
盐1/4小匙,动物性鲜奶油1大匙,意
大利综合香料1/4小匙,高汤300毫升

### 做法
1. 长粒米泡水约20分钟,捞起沥干水
   分备用。
2. 起一锅,放入适量橄榄油,加入杏鲍菇
   丁鲜香菇丁、洋葱丁、西芹丁略为炒香。
3. 续于锅中加入长粒米和高汤,以小火慢
   煮至所需熟度,再加入双色甜椒丁和动物
   性鲜奶油、南瓜泥、盐、意大利综合香料,
   拌炒均匀即可。

德国香肠

将德国香肠放入锅中，入油以小火煎熟即可。

# 香苹茶

## 🥣 材料
香苹茶包10包(20克)，冰糖100克，冷水2000毫升，苹果汁500毫升

## 🍴 做法
① 在锅中加入2000毫升冷水，煮至滚沸后，放入香苹茶包改转小火煮1分钟，关火盖上锅盖闷泡5分钟。

② 过滤掉茶包，加入冰糖搅拌至溶化。

③ 待冷却后，再加入苹果汁拌匀，放入冰箱中冷藏即可。

# 日式抹茶

📖 **材料**

抹茶粉20克，冰糖100克，冷水2000毫升

🍴 **做法**

1. 在锅中加入2000毫升冷水，煮至滚沸后，先加入抹茶粉搅拌至溶化。
2. 续加入冰糖搅拌至溶化。
3. 待冷却后，放入冰箱冷藏即可。

# 香煎鸡腿排

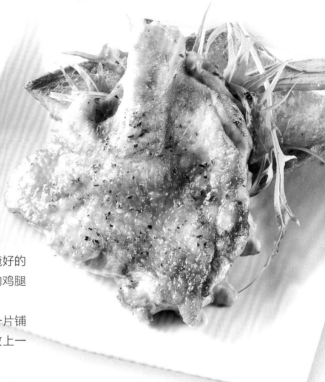

### 材料
去骨鸡腿1个，法国面包1段，水芹菜叶2克，食用油适量

### 腌料
白酒100毫升，意大利综合香料1/4小匙，盐1/4小匙，黑胡椒粉1/4小匙

### 做法
1. 鸡腿加入腌料，腌约20分钟，备用。
2. 热一平底锅，倒入少许食用油，放入腌好的鸡腿，以小火煎至两面金黄。将煎好的鸡腿放入烤箱，以200℃烤约8分钟后取出。
3. 法国面包横切开，放入烤箱略烤，取一片铺底，依序放上水芹菜叶、鸡腿排，再放上一片面包即可。

# 迷迭香烤甜椒

### 材料
红甜椒片30克，黄甜椒片50克，青椒片10克

### 调料
迷迭香1/4小匙，盐1/4小匙，黑胡椒粉1/4小匙

### 做法
1. 所有材料和所有调料拌匀。
2. 将做法1材料放入烤箱，以200℃烤约3分钟取出即可。

# 炸薯条

### 材料
土豆200克

### 调料
盐1/4小匙，黑胡椒粉1/4小匙

### 做法
1. 将土豆洗净去皮，切成粗条，备用。
2. 热一油锅至180℃，放入土豆条，炸约3分钟后取出沥油，撒上调料拌匀即可。

# 金枪鱼虾卵饭团

**材料**
金枪鱼(罐装)200克，虾子50克，米饭300克，海苔片2片

**调料**
白糖2大匙，白醋1大匙

**做法**
❶ 所有调料拌匀，加入米饭中拌匀，备用。
❷ 续将金枪鱼、虾子加入米饭中拌匀。
❸ 将米饭捏成2个三角饭团，包上海苔片即可。

# 和风沙拉

**材料**
水芹菜30克，生菜叶50克，小西红柿片10克，玉米笋10克，紫甘蓝2克，小黄瓜块5克

**调料**
橄榄油2小匙，白醋1小匙，黑胡椒粉适量

**做法**
❶ 水芹菜、生菜泡水后沥干水分，放入容器中。
❷ 续于容器中放入其余材料。
❸ 将所有调料拌匀，淋至蔬菜上即可。

# 玉子烧

**材料**
鸡蛋4个，虾子5克，豌豆缨、食用油各适量

**调料**
味淋1小匙

**做法**
❶ 将鸡蛋、味淋拌匀后过滤备用。
❷ 热一玉子烧专用锅，倒入少许食用油，再倒入蛋液。
❸ 待蛋皮略为成型后，折成三等份后卷起，慢慢整形成蛋卷，即为玉子烧。
❹ 将玉子烧切厚片，摆上虾子、豌豆缨叶点缀即可。

# 柚香红茶

## 🍵 材料

基底红茶350毫升，韩式柚子酱2大匙，果糖30毫升，冰块适量

## 🍴 做法

❶ 取一成品杯装入适量冰块备用。

❷ 在雪克杯中加入冰块至满杯。

❸ 于雪克杯中加入韩式柚子酱、果糖。

❹ 再倒入基底红茶至9分满。

❺ 盖上盖子摇匀，倒入成品杯中即可。

## 意式脆薯

将2个鸡蛋和50克面粉拌匀成粉浆，150克的土豆切粗条裹上粉浆，放入180℃油锅中炸3分钟至金黄，捞出沥油，撒上适量意大利综合香料和盐拌匀即可。

**搭配饮品**

# 漂浮红茶

### 📖 材料

无糖红茶350毫升，香草冰激凌1大球，果糖45毫升，冰块适量

### 🍴 做法

1. 取一成品杯装入适量冰块备用。
2. 在雪克杯中加入冰块至满杯。
3. 于雪克杯中加入果糖。
4. 再倒入基底红茶至9分满。
5. 盖上盖子摇匀，倒入成品杯中约8分满，再加上香草冰激凌，用薄荷叶(材料外)装饰即可。

# 西红柿奶酪奥姆蛋

📋 **材料**
西红柿丁50克，奶酪丝30克，洋葱丁
20克,鸡蛋3个,动物性鲜奶油100毫升,
无盐奶油1/2小匙，食用油适量

📋 **调料**
盐1/4匙，黑胡椒粉适量

📋 **做法**
① 鸡蛋加入盐和50毫升动物性鲜奶油拌
   匀，过筛备用。

② 热一锅，放入适量食用油，加入洋葱丁炒香，
   取出备用。

③ 取一平底锅，放入适量食用油，倒入调好的蛋液，
   并以木勺略微搅动。

④ 续于锅中放入西红柿丁、洋葱丁和奶酪丝，先将两边折起成
   菱形，再对折并整形成椭圆形，即成奥姆蛋卷。

⑤ 将余下的50毫升动物性鲜奶油加入无盐奶油，以小火熬煮成酱
   汁淋至奥姆蛋卷上即可。

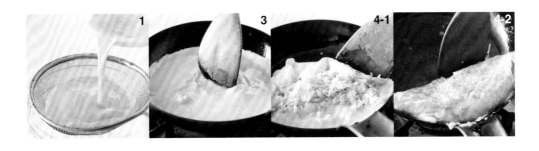

# 意式炒什锦菇

📋 **材料**
杏鲍菇块50克，鲜香菇块20克，蘑菇块30克，
洋葱末1/4小匙，蒜末1/4小匙，食用油适量

📋 **调料**
意大利综合香料1/4小匙，盐1/4匙

📋 **做法**
① 热一锅，放入少许油,放入蒜末和洋葱末炒香。

② 续于锅中放入杏鲍菇块、鲜香菇块、蘑菇块
   和所有调料，以大火炒匀即可。

# 熏三文鱼班迪克蛋

## 材料
熏三文鱼150克，鸡蛋1个，英式松饼1个，豌豆缨5克，融化奶油15毫升，紫甘蓝2克，水500毫升

## 调料
白醋10毫升，盐1/4小匙，黑胡椒粉适量，荷兰酱适量，蛋黄2个，白酒50毫升，柠檬汁10毫升

## 做法
1. 起一锅，放入水、白醋、盐煮至约60℃。
2. 锅中打入鸡蛋，以筷子绕蛋画圆、拨动蛋至成型，即为水波蛋，捞起备用。
3. 蛋黄加入白酒拌匀，隔水加热至约60℃，至呈现凝固，续加入柠檬汁，拌匀后加入融化奶油搅拌均匀，即成荷兰酱。
4. 英式松饼摆上豌豆缨、紫甘蓝、熏三文鱼和水波蛋，淋上荷兰酱，撒上适量黑胡椒粉即可。

# 烤杏鲍菇

## 材料
杏鲍菇片200克

## 调料
盐1/4匙，意大利综合香料1/4小匙

## 做法
1. 杏鲍菇片上轻划花刀，均匀撒上盐。
2. 热一平底锅，放入杏鲍菇片，撒上综合香料，以中火烤熟即可。

**水果沙拉**

将50毫升原味酸奶和10毫升沙拉酱调匀，淋于综合水果丁上，并撒上少许熟开心果碎即可。

**搭配饮品**

# 冰可可

### 材料

冰香苹茶包1包，冰糖10克，冷水200毫升，苹果汁50毫升

### 做法

1. 在锅中加入200毫升冷水，煮至滚沸后，放入香苹茶包改转小火煮1分钟，先关火盖上锅盖闷泡5分钟。

2. 过滤掉茶包，加入冰糖搅拌至溶化。

3. 待冷却后，再加入苹果汁拌匀，放入冰箱中冷藏即可。

# 柳橙山药沙拉

### 材料
橙子果肉50克，山药丁80克，秋葵20克

### 调料
白芝麻1/4小匙，味淋2大匙，日式酱油1小匙，胡香油1/4小匙

### 做法
1. 山药丁泡入醋水(醋：水＝1：5)中约3分钟沥干捞出；秋葵放入滚水中汆烫约3分钟后泡入冰水，凉后切小丁。
2. 将所有材料拌匀盛盘；所有调料调匀成日式和风酱，淋入盘中即可。

# 苹果鲜虾沙拉

### 材料
苹果丁50克，虾仁50克，番薯30克，小黄瓜丁20克

### 调料
草莓酸奶2大匙

### 做法
1. 虾仁去虾线、洗净，入沸水中烫熟后捞出。
2. 番薯去皮切丁，放入电饭锅(外锅加1杯水)蒸熟，取出静置冷却备用。
3. 将所有材料盛盘，淋上草莓酸奶拌匀即可。

# 凯撒沙拉

### 材料
去边吐司（切丁）4片，生菜（切片）1棵，培根（切段）2条，食用油少许

### 调料
奶酪粉1大匙，沙拉酱3大匙

### 做法
1. 将去边吐司丁放入烤箱以170℃烤至酥脆；培根段以小火炒至酥脆，沥油备用。
2. 将吐司丁、生菜片、培根段混合，再淋上西泽沙拉酱及撒上奶酪粉拌匀即可。

# PART 3

## 丰盛晚餐

上了一整天的班，许多人不想再花心思、费工夫的准备一桌子菜肴作为晚餐，但又不想总是餐餐外食，有什么好窍门吗？其实自己准备晚餐并不难，只要用对方法，找到诀窍，你也可以轻轻松松为家人做出营养、美味的晚餐。

# 凉拌白菜心

### 🥬 材料
大白菜心300克，红辣椒丝5克，香菜碎5克，油炸花生40克

### 🧂 调料
白醋1大匙，白糖1大匙，盐1/6小匙，香油1大匙

### 🍳 做法
❶ 将大白菜心切丝，泡冰水约3分钟，捞起沥干水，备用。

❷ 将白菜心丝放入大碗，加入红辣椒丝、香菜碎、油炸花生。

❸ 再加入所有调料一起拌匀即可。

> **关键提示** 　凉拌菜通常除了入味外，还会要求口感的爽脆，快速的方法就是将材料切细之后，先以冰水冰镇3~5分钟再制作，如果不马上食用就要尽快放进冰箱冷藏，才能维持脆度。

# XO酱拌黄瓜

### 🥬 材料
黄瓜200克，胡萝卜10克，香菜(切碎)2棵，红辣椒(切丝)少许

### 🧂 调料
XO酱2大匙，香油1小匙，辣油1小匙

### 🍳 做法
❶ 黄瓜去皮、切厚长条状，再放入滚水中氽烫杀青，备用；胡萝卜切小片，放入滚水中快速氽烫过水，备用。

❷ 取一容器，加入所有的材料与所有调料搅拌均匀即可。

> **关键提示** 　XO酱制作相当的麻烦，但是做菜时用它作为调料可就非常的简单，不论炒还是拌，搭配海鲜、肉类或是蔬菜，甚至炒饭、炒面，都能马上为菜品增添好风味。

# 酸辣绿豆粉块

### 材料
绿豆粉块150克，凉开水1大匙

### 调料
辣油1大匙，镇江醋1大匙，芝麻酱1小匙，酱油1小匙，白糖1大匙

### 做法
1. 将绿豆粉块切成小块状，装入盘中备用。
2. 将芝麻酱先用凉开水稀释，再加入剩余的调料，混合拌匀成酱汁。
3. 将酱汁淋至绿豆粉块上即可。

**关键提示 调对酱汁就是美味**

凉拌菜是否美味爽口其实只有两个原则：一是材料新鲜，二是酱汁对味。主材料味道较清淡时只要搭配上味道强烈一点的酱汁，就能简单做出有特色味道又营养丰富的凉拌菜。

---

# 凉拌茄子

### 材料
茄子2个，香葱2棵，蒜8克，凉开水1大匙

### 调料
白糖1/2小匙，酱油1小匙，蚝油1大匙，香油1大匙

### 做法
1. 茄子洗净去蒂后放入沸水中煮(或蒸5分钟)后，切小块装盘备用。
2. 香葱及蒜切碎，与水、所有调料拌匀淋至茄子上即可。

**关键提示 去掉多余的水分更有味**

茄子的味道很清淡，加上汆烫后容易出水，要是水分太多会让酱汁的味道无法入味，同时也会稀释掉酱汁凉拌之前，充分沥干茄子的水分，味道会更好！

# 葱油萝卜丝

### 🥬 材料
白萝卜100克, 红辣椒丝5克, 葱2根, 食用油30毫升

### 🧂 调料
A: 盐1/2小匙
B: 白糖1/2小匙, 盐1/4小匙, 香油1小匙

### 📋 做法
❶ 白萝卜去皮切丝, 用盐抓匀腌渍3分钟后, 冲水约3分钟后沥干备用。

❷ 葱切花, 置于碗中。将食用油烧热至约120℃, 冲入葱花中拌匀成葱油。将红辣椒丝、白萝卜丝、葱油及调料B一起拌匀即可。

> **关键提示**
> **抓盐快速脱去多余水分**
> 　　白萝卜含有很高的水分, 水分高的材料要凉拌之前, 必须去除掉一些水分, 才不会在凉拌后出水冲淡味道, 加点盐抓一下就可以帮助食材快速脱水。

# 凉拌黄瓜鸡丝

### 🥬 材料
醉鸡胸250克, 小黄瓜丝200克, 蒜末5克, 胡萝卜丝30克, 苹果(切丝)1/2个, 辣椒丝适量

### 🧂 调料
盐1/4小匙, 白糖1/2大匙, 糯米醋1/2大匙, 香油少许

### 📋 做法
❶ 醉鸡胸撕成丝状, 备用。

❷ 取一容器, 加入小黄瓜丝、胡萝卜丝, 用少许盐拌匀, 腌渍约5分钟后搓揉拌匀, 接着再用冷开水冲洗去盐分, 捞起沥干水分。

❸ 另取一容器, 放入苹果丝、辣椒丝、蒜末、腌渍后的小黄瓜丝、胡萝卜丝, 与所有调料一起搅拌均匀, 最后加入鸡丝略拌匀, 取出盛盘即可。

# 和风芦笋

**材料**
芦笋180克

**调料**
和风酱适量

**做法**
❶ 首先将芦笋去老皮，放入滚水中以中火氽烫约1分钟，捞起再放入冰水中冰镇备用。
❷ 再将芦笋摆盘，再淋入和风酱即可。

---

**和风酱**

**材料：** 和风酱150毫升，洋葱1/4个，白芝麻1大匙，盐少许，黑胡椒粉少许

**做法：** 1.将洋葱切成碎状。
2.将洋葱碎和其余材料混合均匀即可。

---

# 海苔菠萝虾球

**材料**
虾仁250克，罐头菠萝片1罐(约200克)

**调料**
海苔沙拉酱适量

**做法**
❶ 将虾仁洗净，背部去沙线，再放入滚水中氽烫捞起备用。
❷ 将罐头菠萝片汤汁滤干，再切成大块状备用。将菠萝块放入盘中铺底，再放入氽烫好的虾仁，最后再淋入海苔沙拉酱即可。

---

**海苔沙拉酱**

**材料：** 沙拉酱3大匙，海苔粉少许，白醋1小匙，盐少许，白胡椒粉少许

**做法：** 将所有的材料混合均匀即可。

# 腐乳拌蕨菜

**材料**
蕨菜250克，豆腐乳2小块，冷开水适量

**调料**
豆腐乳酱汁1大匙

**做法**
1. 蕨菜切段、洗净，放入加了少许盐、油(均材料外)的沸水中汆烫，备用。
2. 豆腐乳、豆腐乳酱汁混合后稍微弄碎，加入冷开水调至可以接受的微咸程度。
3. 将蕨菜与调好的酱汁拌匀盛盘即可。

**关键提示** 豆腐乳与蕨菜拌和时会降低咸味，所以用豆腐乳酱汁调味时，调到可以接受略咸的程度即可。

# 凉拌鸭掌

**材料**
泡发鸭掌200克，小黄瓜80克，辣椒丝10克，姜丝10克

**调料**
糖醋酱5大匙

**做法**
1. 泡发鸭掌切小条，用温开水洗净沥干；小黄瓜拍松切小段，备用。
2. 将鸭掌条、黄瓜段及姜丝、辣椒丝加入糖醋酱拌匀即可。

**糖醋酱**

**材料：** 番茄酱70克，白醋50克，白糖50克，蒜20克，香油30克，盐3克

**做法：** 蒜切成蒜末，将所有材料混合拌匀即可。

# 辣味鸡胗

## 材料

| | |
|---|---|
| 鸡胗 | 160克 |
| 葱段 | 30克 |
| 姜片 | 40克 |
| 芹菜 | 70克 |
| 辣椒丝 | 10克 |
| 香菜末 | 5克 |

## 调料

| | |
|---|---|
| 辣豆瓣酱 | 3大匙 |

## 做法

❶ 取一个汤锅，将葱段及姜片放入锅中，加入约2000毫升水，开火煮滚后放入鸡胗。

❷ 待煮沸后，将火转至最小维持微滚状态，续煮约10分钟将鸡胗捞起沥干放凉，切片备用。

❸ 芹菜切小段，汆烫后冲水至凉，与辣椒丝、香菜末及鸡胗加入辣豆瓣酱拌匀即可。

> **关键提示** 鸡胗比较厚，所以需要煮久一点，但也不宜煮太久，过头可是会缩水。此外，加入姜片与葱段一起汆烫可以去除鸡胗的腥味，如果将葱、姜拍裂去腥效果会更好。

# 香椿豆干丝

### 材料
卤豆干150克，辣椒10克，葱20克

### 调料
香椿酱油2大匙

### 做法
1. 将卤豆干、辣椒、葱分别切丝备用。
2. 将所有材料加入香椿酱油一起拌匀即可。

---

**香椿酱油**

材料： 香椿嫩叶50克，香油50克，酱油60克，
白糖15克，辣椒末20克

做法： 1. 将香椿嫩叶剁碎后放入碗中备用。
2. 香油加热至约100℃后，将油冲入香椿末中拌匀放凉。
3. 再将酱油、白糖及辣椒末拌入香椿中即可。

---

# 五味章鱼

### 材料
熟章鱼250克，葱丝适量

### 调料
五味酱适量

### 做法
1. 首先将章鱼洗净，切成小块状，放入滚水中汆烫约10秒，备用。
2. 捞起放入冰水过凉后捞出和葱丝放入盘中，再搭配五味酱即可。

---

**五味酱**

材料： 五味酱1大匙，香菜1棵(切碎)

做法： 将所有材料混合均匀即可。

# 五味鱿鱼

**材料**
鱿鱼300克，红辣椒丝10克

**调料**
五味酱4大匙

**做法**
1 鱿鱼撕除表面薄膜，洗净后切成约一口大小的块状，放入滚水中氽烫约20秒钟，捞起沥干水分，盛入盘中备用。
2 红辣椒丝放入小碗中，加入五味酱拌匀，均匀淋在鱿鱼块上即可。

# 香油黄瓜

**材料**
小黄瓜3根，辣椒(切丝)1个，蒜末1茶匙

**调料**
A：盐1/2茶匙
B：白醋1/2茶匙，白糖1/2茶匙，盐1/4茶匙，香油1大匙

**做法**
1 小黄瓜切成约5厘米长的段，再直剖成4条，备用。
2 用调料A的盐抓匀小黄瓜条，腌渍约10分钟，再将小黄瓜冲水约2分钟，去掉咸涩味，沥干备用。
3 将小黄瓜置于盆中，加入辣椒丝、蒜末及调料B一起拌匀即可。

# 梅酱芦笋虾

### 材料
芦笋220克，草虾10尾，姜5克，凉开水1小匙

### 调料
紫苏梅(连同汁液)3颗，白糖2小匙，盐1/6小匙

### 做法
1. 芦笋切去接近根部较老的部分，放入滚水中氽烫约10秒即捞起，以冰水浸泡至凉后装盘。
2. 草虾放入滚水中氽烫约20秒后，捞起剥去壳，排放至芦笋上。
3. 紫苏梅去籽连汁液与姜磨成泥，再和凉开水、其余调料混合成酱汁，淋至芦笋虾上即可。

**关键提示** 腌渍紫苏梅的滋味本来就很开胃，用来作为凉拌菜的酱汁既风味独特又简单，酸酸甜甜的紫苏梅加一点姜泥更添鲜味，最适合用来凉拌海鲜。

# 泡菜拌牛肉

### 材料
牛肉500克，绿豆芽60克，韩式泡菜(切块)250克，小黄瓜(切片)2根，香菜(切碎)3根

### 调料
黑胡椒粉少许，盐少许，香油1小匙，白糖1小匙

### 做法
1. 牛肉切成小块状，放入滚水中煮熟，去血沫，捞出备用；绿豆芽洗净，放入滚水中快速氽烫过水，捞出备用。
2. 取一容器，加入牛肉块、绿豆芽，再加入韩式泡菜、小黄瓜与所有调料，充分混合搅拌均匀撒上香菜碎即可。

**关键提示** 以牛肉制作凉拌菜会比猪肉更快速，因为牛肉的油脂比例低，短时间烫煮至均匀熟透即可捞出切片，可以维持更好的嫩度。

# 绿豆芽拌肉丝

### 材料
绿豆芽120克，猪肉丝80克，红辣椒丝5克

### 调料
盐1/2小匙，白糖1/2小匙，白醋1小匙，香油1大匙

### 做法
❶ 猪肉丝及绿豆芽丝用沸水氽烫约10秒后捞起，用凉开水泡凉备用。
❷ 将肉丝及绿豆芽放入碗中，再加入红辣椒丝及所有调料拌匀即可。

**关键提示　快速拌出口感清脆爽口的绿豆芽**
　　绿豆芽是口感爽脆又营养的食材，用来凉拌比快炒更能呈现出它爽口的一面。稍微氽烫一下去除青涩味，简单地以白醋和白糖拌一下，就是酸酸甜甜又清凉爽脆的好菜。

# 熏鸡丝拌黄瓜

### 材料
熏鸡肉150克，小黄瓜2条(约200克)，蒜15克，红辣椒1个

### 调料
酱油2大匙，白醋1小匙，白糖1小匙，香油1大匙

### 做法
❶ 熏鸡肉切粗丝；小黄瓜拍扁后切小段状；红辣椒洗净去籽切丝；蒜洗净切末，备用。
❷ 将备好的所有材料放入大碗中，加入酱油、白醋及白糖拌匀后，再洒入香油略拌匀即可。

**关键提示　小黄瓜快速入味秘诀**
　　切小黄瓜之前先以刀背拍裂，能让小黄瓜的形状呈现不规则的表面，增加了可以吸收酱汁的面积，自然就能快速入味。

# 西芹拌烧鸭

### 🐟 材料
西芹120克，烤鸭肉100克，红辣椒片10克

### 🧂 调料
酱油1大匙，白醋1/2小匙，白糖1/2小匙，香油
1大匙

### 🍳 做法
1. 西芹洗净，削去老筋和粗皮后切斜片，放入滚水中汆烫约30秒钟，捞出冲凉沥干备用。
2. 烤鸭肉切薄片备用。
3. 将西芹片、烤鸭片放入大碗中，加入蒜末、红辣椒片及所有调料一起充分拌匀即可。

**关键提示** 以熟食的烧鸭作为材料，可以快速完成，不但利用烧鸭本身的好风味，也简化了调味的步骤。即使是新手也能做出好味道，同时还可以变化各种烹调方式，轻松变化新菜色。

# 金针菇拌肚丝

### 🐟 材料
熟猪肚100克，红辣椒丝5克，姜丝5克，胡萝卜30克，金针菇30克

### 🧂 调料
酱油2大匙，白醋1小匙，白糖1小匙，香油1大匙

### 🍳 做法
1. 熟猪肚切丝；金针菇切掉根部剥散；胡萝卜切丝，备用。
2. 煮一锅水至滚，将金针菇及胡萝卜丝放入锅内，汆烫10秒后，捞起沥干。
3. 将猪肚丝、金针菇、胡萝卜丝、姜丝及红辣椒丝置于碗中。
4. 将所有调料加入碗中，一起拌匀即可(盛盘后可加入少许香菜装饰)。

# 麻辣耳丝

### 🫑 材料

A:

| 猪耳 | 1副 |
|------|------|
| 蒜苗 | 1棵 |

B:

| 葱 | 1棵 |
|------|------|
| 姜 | 10克 |
| 水 | 1500毫升 |

### 🫙 调料

A:

| 辣油 | 2大匙 |
|------|------|

B:

| 八角 | 2粒 |
|------|------|
| 花椒 | 1茶匙 |
| 盐 | 1大匙 |

### 🍱 做法

❶ 材料B和调料B混合煮至沸腾,放入猪耳以小火煮约
   15分钟,取出冲冷开水至凉。

❷ 将猪耳切斜薄片,再切细丝;蒜苗洗净切细丝,备用。

❸ 将猪耳丝及蒜苗丝加入辣油拌匀即可。

---

**辣油**

**材料:** 盐15克,味精5克,辣椒粉50克,花椒粉5克,
食用油120克

**做法:** 1. 将辣椒粉与盐、味精拌匀备用。

2. 食用油烧热至约150℃后冲入辣椒粉中,并
迅速搅拌均匀。

3. 再加入花椒粉拌匀即可。

# 笋丝卤爌肉

### 🥢 材料
五花肉280克，竹笋200克，福菜30克，蒜3瓣，姜10克，葱1棵，食用油适量，水800毫升

### 🥡 调料
酱油100毫升，盐少许，白胡椒粉少许，甘草5片，冰糖1大匙，八角2粒，丁香2粒

### 🍽 做法
❶ 取五花肉切小块，放入滚水汆烫3分钟备用。

❷ 将竹笋切块；福菜切小段，事先以冷水浸泡去咸味；蒜、姜皆切片；葱切段，备用。

❸ 取汤锅，加入食用油，放入蒜片、姜片、葱段以中火爆香，接着放入竹笋块、福菜炒香。

❹ 在锅中加入五花肉块与水、所有调料，续以中火炖煮约25分钟即可。

# 酱卤娃娃菜

### 🥢 材料
净娃娃菜4根

### 🥡 调料
卤汁1锅

### 🍽 做法
　　在笋丝卤爌肉做法4的卤汁中，一起放入娃娃菜，炖煮约15分钟捞出即可。

# 香卤竹笋

### 🥢 材料
真空包竹笋2根，葱丝少许，辣椒丝少许

### 🥡 调料
卤汁1锅

### 🍽 做法
❶ 取真空包竹笋洗净，切成条状，备用。

❷ 在本页笋丝卤爌肉做法4的卤汁中，一起放入竹笋条，炖煮约15分钟捞出，放上葱丝和辣椒丝即可。

# 滑蛋虾仁

### 材料
鸡蛋2个，虾仁8尾，葱花1大匙，食用油适量

### 调料
盐1/4茶匙，鸡精1/8茶匙，胡椒粉1/8茶匙

### 做法
1. 虾仁去泥肠，加入1/2茶匙盐(分量外)抓揉数下，再冲水约10分钟后，沥干水分。
2. 鸡蛋加入所有调料、葱花，混合打散拌均匀成蛋液。
3. 热锅，加入食用油，放入虾仁，两面各煎约2分钟，再倒入蛋液，以小火用锅铲慢推蛋液，直到凝固呈八分熟即可。

**关键提示** 虾仁加盐抓揉，再用流动水冲洗，能让虾仁吃起来口感变脆。另外，蛋液凝固至八分熟即可起锅，才保有滑蛋滑嫩的口感。

# 姜丝炒海龙

### 材料
海龙300克，罗勒20克，红辣椒10克，姜15克，葵花籽油2大匙

### 调料
酱油1大匙，盐、味精、白糖、米酒、白醋各少许

### 做法
1. 海龙洗净切成约5厘米长的段状；红辣椒洗净切片；姜洗净切丝；罗勒取嫩叶洗净，沥干水分，备用。
2. 取一锅，倒入适量的水和1大匙白醋(分量外)，煮开后放入海龙段汆烫约2分钟，捞出沥干水分，备用。
3. 另热一锅，倒入葵花籽油，爆香红辣椒片和姜丝，加入海龙段拌炒均匀，再放入所有调料拌炒至入味，最后加入罗勒叶拌炒均匀即可。

# 干煸四季豆

**材料**
四季豆300克，肉馅80克，蒜末1/2茶匙，姜末1/4茶匙，红辣椒末1/4茶匙，凉开水2大匙，食用油适量

**调料**
辣豆瓣酱1大匙，白糖1/2茶匙，酱油1茶匙

**腌料**
盐1/4茶匙，淀粉1/2茶匙

**做法**

1 四季豆摘去两端老梗，洗净沥干，备用。

2 肉馅末加入腌料拌匀，备用。

3 热油锅，烧热后放入四季豆，以大火将表面炸略焦，再捞出沥油，备用。

4 倒出多余的油，放入肉馅末炒至肉色变白，再加入姜末、蒜末、红辣椒末、辣豆瓣酱炒香，续放入四季豆，加入2大匙凉开水及白糖、酱油，以小火煸炒至干香即可。

# 培根炒圆白菜

**材料**
圆白菜600克，培根3片，蒜10克，红辣椒片5克，食用油适量

**调料**
辣豆瓣酱1大匙，白糖1/2茶匙，酱油1茶匙

**做法**

1 圆白菜泡水15分钟洗净切小片；培根切小片；蒜切片，备用。

2 热锅，倒入食用油，放入蒜片、红辣椒片爆香。

3 将培根片炒香后取出备用，锅内留油，倒入圆白菜片炒至微软，再加入所有调料与炒香的培根片拌匀即可。

# 醋熘圆白菜

### 📋 材料
圆白菜400克，胡萝卜丝20克，红辣椒片10克，蒜片10克，葱段15克，水150毫升，食用油适量

### 🍶 调料
白糖1小匙，水淀粉适量，盐1/4小匙，鸡精少许，白醋1小匙，老醋1小匙

### 🍳 做法
1. 圆白菜洗净切大片备用。
2. 热锅，倒入2大匙油，放入蒜片、葱段及红辣椒片爆香，再放入胡萝卜丝及圆白菜片炒约1分钟。
3. 加入所有调料和水炒匀，再加入水淀粉勾薄芡即可。

> **关键提示**　醋熘的风味比起糖醋多了更多的醋香与酸味，酸味来自白醋，而醋香则来自老醋，加入两种醋的醋熘菜风味更佳。

# 蒜炒双花

### 📋 材料
菜花100克，西蓝花100克，胡萝卜30克，蒜2瓣，橄榄油1茶匙

### 🍶 调料
盐5克，白胡椒粉3克，米酒10毫升

### 🍳 做法
1. 菜花、西蓝花洗净切小朵；胡萝卜切片；蒜切片，备用。
2. 煮一锅水，将白菜花、西蓝花烫熟捞起沥干备用。
3. 取一不粘锅放油后，爆香蒜片。
4. 放入菜花、西蓝花和胡萝卜片略拌，加入所有调料调味即可。

# 辣炒箭笋

### 材料
箭笋300克，高汤200毫升，辣椒酱1茶匙，食用油适量

### 调料
素蚝油1茶匙，白糖1/2茶匙，水淀粉1茶匙

### 做法
1. 将箭笋洗净，放入滚水氽烫，捞起备用。
2. 热锅加入1大匙食用油，放入辣椒酱炒香，加入高汤、箭笋及所有调料，以小火煨煮15分钟即可。

# 咸蛋苦瓜

### 材料
咸蛋2个，苦瓜450克，蒜末10克，葱末5克，红辣椒粒5克，食用油2大匙

### 调料
米酒1大匙，白糖1/2小匙，鸡精1/2小匙，盐少许

### 做法
1. 咸蛋去壳、切小块备用。
2. 苦瓜切开去籽、切片，放入沸水中烫熟，捞起沥干备用。
3. 热一锅，倒入油，再放入蒜末、咸蛋块爆香，炒至起泡时，放入苦瓜片、红辣椒粒、葱末及其余调料拌入味即可。

# 咸冬瓜蒸鲜鱼

**🐟 材料**
咸冬瓜50克，鲈鱼1尾，姜5克，葱1棵

**🫙 调料**
酱油1小匙，香油1小匙，米酒1大匙

**🍲 做法**
① 将鲈鱼洗净、去除鱼鳞，在鱼身处划几刀，备用。
② 咸冬瓜切小片；姜切片；葱切小段，备用。
③ 取一长盘，将鱼放入盘中，在鱼身上加入咸冬瓜片、姜片、葱段，接着加入所有调料，再包覆耐热保鲜膜。
④ 放入蒸锅中，以大火蒸约10分钟即可。

# 酱冬瓜炖鸡汤

**🐟 材料**
酱冬瓜70克，鸡腿2个，姜20克，干香菇3朵，水700毫升

**🫙 调料**
鸡精1小匙，米酒1大匙，盐少许，白胡椒粉少许，香油1小匙

**🍲 做法**
❶ 酱冬瓜切小片；鸡腿切小块，放入滚水中氽烫过水；干香菇洗净、泡水至软；姜切片，备用。
❷ 取一个汤锅，放入处理过的所有材料，盖上锅盖，以中火煮至滚后再煮约20分钟，接着加入所有调料和水煮匀即可。

# 咸菠萝烧排骨

**🐟 材料**
咸菠萝50克，排骨200克，姜片20克，香菇(切块)3朵，葱段2根，食用油适量

**🫙 调料**
白糖1小匙，香油1小匙，鸡精1小匙，盐少许，白胡椒粉少许

**🍲 做法**
❶ 将咸菠萝切片；排骨洗净、放入滚水中氽烫过水，备用。
❷ 热一炒锅，加入食用油，中火爆香姜片、香菇块、葱段，再加入咸菠萝、排骨和所有调料，煮至汤汁略浓稠即可。

# 咸蛋杏鲍菇

### 🍲 材料
杏鲍菇150克，咸蛋1个，红辣椒末5克，蒜末5克，芹菜末5克

### 🧂 调料
盐1/2小匙，白糖1/2小匙

### 🍳 做法
❶ 咸蛋切细碎；杏鲍菇切滚刀块，取一锅烧热后，以干锅状态将杏鲍菇放入烘烤至略焦盛出，备用。

❷ 重新热锅，加入少许食用油(材料外)，放入咸蛋碎炒香，接着加入红辣椒末、蒜末、芹菜末与杏鲍菇块炒匀。

❸ 然后在锅中加入所有调料炒匀即可。

# 葱爆香菇

### 🍲 材料
鲜香菇150克，葱100克，水1大匙，食用油适量

### 🧂 调料
甜面酱1小匙，酱油1/2大匙，蚝油1大匙，味淋1大匙

### 🍳 做法
❶ 鲜香菇表面划刀，切块状；葱切5厘米长段；所有调料和水混合均匀，备用。

❷ 热锅，倒入适量的油，放入鲜香菇煎至表面上色后取出，再放入葱段炒香后取出，备用。

❸ 将混合的调料倒入锅中煮沸，再放入煎过的香菇充分炒至入味，最后放入葱段炒匀即可。

# 姜烧鲜菇

### 🫑 材料
鲜香菇150克，玉米100克，红甜椒1/4个，小里脊肉50克，姜泥10克，淀粉适量

### 🧂 调料
酱油1.5大匙，米酒1大匙，味淋1大匙

### 🍲 做法
❶ 所有调料与姜泥混合均匀；红甜椒切片；玉米切片状；香菇切块，备用。

❷ 小里脊肉切0.2厘米薄片，放入混合的调料中腌渍约10分钟，取出沥干，沾上薄薄的淀粉备用。

❸ 热锅，倒入适量的油，再放入小里脊肉、鲜香菇块、玉米片煎至两面上色，放入腌肉的酱汁炒至充分入味，加入红甜椒片炒匀即可。

# 雪里蕻炒豆干丁

### 🫑 材料
雪里蕻220克，豆干160克，红辣椒10克，姜10克，食用油2大匙

### 🧂 调料
盐1/4小匙，白糖少许，香菇粉少许

### 🍲 做法
❶ 雪里蕻洗净切末；豆干洗净切丁，备用。

❷ 红辣椒洗净切片；姜洗净切末，备用。

❸ 热锅倒入食用油，爆香姜末，放入红辣椒片、豆干丁拌炒至微干。

❹ 于锅中放入雪里蕻末和所有调料炒至入味盛盘即可。

**关键提示** 因为豆干含有水分，所以在拌炒时，不妨把豆干丁稍微炒久一点，水分炒干了，会比较香也比较容易入味。

# 树子蒸鲜鱼

### 材料
鲈鱼(小)1尾，姜片10克，葱(切段)1根，辣椒(切片)1/3个，食用油适量

### 调料
树子30克，香油1小匙，白糖1小匙，酱油1小匙，米酒1大匙

### 做法
❶ 鲈鱼处理好洗净，在鱼背上划几刀，备用。

❷ 取蒸盘，盘底先抹上少许食用油，再放入鲈鱼，接着将所有调料均匀加在鱼身上，再放上葱段、姜片、辣椒片，以耐热保鲜膜包覆，最后放入电饭锅中，蒸约15分钟即可。

# 白菜卤

### 材料
白菜200克，鲜香菇2朵，胡萝卜30克，新鲜黑木耳1朵，香菜1棵，虾米1大匙

### 调料
酱油1小匙，香油1小匙，盐少许，白胡椒粉少许，鸡精1小匙

### 做法
❶ 白菜切块、泡水洗净；鲜香菇切片；黑木耳、胡萝卜切丝；香菜切碎；虾米泡水至软，备用。

❷ 取蒸锅，放入做法1所有材料与所有调料，以耐热保鲜膜封口，放入电饭锅中，外锅加入1.5杯水，蒸约20分钟即可。

# 蟹肉蒸丝瓜

### 材料
丝瓜1/2根，蟹腿肉100克，蒜(切片)2瓣，葱(切段)1根，姜片10克

### 调料
黄豆酱1小匙，白糖1小匙，香油1小匙，米酒1大匙，盐少许，白胡椒粉少许

### 做法
❶ 丝瓜去皮，切成小块状；所有调料搅拌均匀，备用。

❷ 取一大张锡铂纸，先放入丝瓜，接着加入蒜片、姜片、葱段与蟹腿肉，最后加入调好的酱汁再包好。

❸ 放入电饭锅中，蒸约15分钟即可。

# 酸菜炒面肠

### 🍲 材料
酸菜头200克，面肠300克，姜10克，葱2棵，蒜2瓣，红辣椒1/2个，食用油适量

### 🥄 调料
白糖1小匙，香油1小匙，酱油1小匙，白胡椒粉1小匙

### 📋 做法
1. 酸菜头洗净切丝，放入滚水中略汆烫后捞起沥干；面肠切片；姜洗净切丝；葱洗净切段；蒜、红辣椒洗净切片备用。
2. 起锅，加入少许油烧热，先放入面肠片以大火快炒至略带焦香味，再加入处理后的所有材料和所有调料，以中火翻炒均匀即可。

> **关键提示** 酸菜切丝后，先放入滚水中略汆烫，可避免酸菜口感过咸和过酸。

# 酱香豆腐

### 🍲 材料
老豆腐200克，葱丝少许，红辣椒丝少许

### 🥄 调料
酱油2大匙，白糖1小匙

### 📋 做法
1. 老豆腐切成长方块状，在表面撒上少许盐（材料外），备用。
2. 热一平底锅，加入少许食用油(材料外)，放入豆腐块，煎至两面成金黄色，接着加入所有调料拌匀，盛盘后放上葱丝、红辣椒丝即可。

# 嫩煎黑胡椒豆腐

### 材料
老豆腐1块，葱、红辣椒、食用油各适量

### 调料
粗黑胡椒粉1/2小匙，盐1/2小匙

### 做法
1. 老豆腐切厚片抹上盐；葱切丝；红辣椒切末，备用。
2. 热锅，倒入少许油，放入豆腐片，煎至表面金黄酥脆。
3. 撒上粗黑胡椒粉、葱丝与红辣椒末，再稍煎一下即可。

**关键提示** 煎豆腐的时候锅要够大，油温也要高些，再于豆腐的表面抹上盐，煎的时候才不容易粘锅，煎好的豆腐放凉了才不易出水，口感也会更外酥内嫩。

# 韭菜油豆腐

### 材料
油豆腐1块(约120克)，韭菜段100克，红辣椒片20克，食用油适量

### 调料
盐少许，白胡椒粉少许

### 做法
1. 将油豆腐切成6小块备用。
2. 锅烧热，倒入少许油，炒香韭菜段，再放入油豆腐块炒香。
3. 续加入红辣椒片、盐和白胡椒粉调味即可。

**关键提示** 豆腐入锅前，撒一点点盐在豆腐的切面上，利用盐的渗透压把豆腐内多余的水分排出，可以避免下锅后油爆，也能为豆腐增香提味。

# 杏鲍菇烘蛋

### 🍲 材料
杏鲍菇100克，鲜香菇50克，樱花虾5克，鸡蛋3个，葱花、蒜末、食用油各适量

### 🍶 调料
A：盐、白胡椒粉各适量
B：酱油1大匙，味淋1/2大匙

### 🍳 做法
① 杏鲍菇、鲜香菇切粗丁；樱花虾洗净，备用。

② 鸡蛋打散，加入调料A、葱花，打匀成蛋液备用。

③ 热锅，倒入适量的油，放入樱花虾、蒜末炒香，加入杏鲍菇丁、鲜香菇丁及调料B炒入味。将锅中炒料取出加入蛋液中拌匀备用。

④ 另热锅，倒入适量的油，再倒入蛋液，转中小火，待蛋液四周膨起，用筷子将中间未熟的蛋液迅速搅散，并整理成圆饼状，烘煎至两面呈金黄即可。

# 蔬菜蛋卷

### 🍲 材料
鸡蛋4个，青椒10克，豆芽15克，胡萝卜丝10克，新鲜黑木耳10克

### 🍶 调料
盐1小匙，鸡精1/2小匙，黑胡椒粉少许

### 🍳 做法
① 鸡蛋打散成蛋液，加入所有调料拌匀；青椒去籽切丝；胡萝卜去皮切丝；新鲜黑木耳切丝，备用。

② 将做法1中的所有蔬菜，放入沸水中烫熟，捞起沥干备用。

③ 热锅，倒入适量的油，倒入蛋液以中小火煎至底部成形而上面还是半熟，立即放入烫熟的蔬菜。

④ 再将蛋皮卷起来，起锅再稍卷扎实，待稍凉切段即可。

# 海鲜蒸蛋

## 材料
| | |
|---|---|
| 鸡蛋 | 2个 |
| 蛤蜊 | 5个 |
| 鲜虾 | 3只 |
| 鱼肉 | 50克 |
| 鱼板 | 3片 |
| 水 | 200毫升 |

## 调料
| | |
|---|---|
| 盐 | 1/2小匙 |
| 鸡精 | 1/4小匙 |
| 米酒 | 1/2小匙 |

## 做法
1. 蛤蜊吐沙后用小刀剥开，洗净；鲜虾去头，去壳，留尾，洗净。
2. 将鱼肉和鲜虾氽烫约2分钟，捞起过冷水，备用。
3. 将鸡蛋打散，加入所有调料及水拌匀。
4. 取一碗，放入做法2的材料、做法1的蛤蜊、鱼板，再倒入做法3的蛋液，放入蒸锅内，以小火蒸至蛋液凝固即可。

# 糖醋排骨

### 材料
排骨酥250克,西红柿1个,洋葱1/3个,蒜3瓣,葱1棵，食用油适量

### 调料
番茄酱1大匙，盐少许，白胡椒粉少许，酱油1小匙，香油少许，白糖1小匙

### 做法
❶ 取西红柿洗净、切小块；洋葱切块；蒜切片；葱切段，备用。

热锅，加入食用油，放入所有材料（排骨酥除外），以中火爆香。

❷ 加入排骨酥与所有调料，中小火烩煮至汤汁略收干即可。

# 芹菜炒肥肠

### 材料
卤肥肠2根，芹菜(切段)3棵，青葱(切段)1棵，蒜(切片)3瓣，辣椒(切片)1/3个，姜片10克，胡萝卜片10克，食用油适量

### 调料
盐少许，酱油1小匙，鸡精少许，盐少许，白胡椒粉少许，香油1小匙，米酒1大匙

### 做法
❶ 将卤肥肠切圈状,备用。

❷ 热油锅,爆香芹菜段、青葱段、蒜片、辣椒片、姜片、胡萝卜片。

❸ 再加入卤肥肠与所有调料,续以中火翻炒均匀即可。

# 麻辣鸭血

### 材料
麻辣鸭血1块，豆干片2片，竹笋条50克，青葱段20克，蒜片、辣椒片各10克，水适量

### 调料
花椒1大匙，八角3粒，丁香5粒，干辣椒5克，辣油1大匙，香油1小匙，盐少许，白胡椒粉少许，酱油1小匙

### 做法
❶ 热锅，加入1大匙食用油(材料外)，放入花椒、干辣椒以小火爆香。

❷ 加入麻辣鸭血及所有材料与剩余调料，转中小火煮匀。

# 南部卤肉

**材料**

猪肉馅600克，猪皮150克，红葱头末80克，蒜末15克，猪皮高汤1000毫升，食用油适量

**调料**

白胡椒粉1/4小匙，酱油150克，米酒50毫升，白糖3大匙

**做法**

❶ 红葱头末与蒜末放入烧热的油锅中小火爆香，呈金黄色后捞出，备用(保留锅中的油)。

❷ 将猪皮洗净，放入滚水中煮20分钟，捞起切小块备用。

❸ 重新加热炒锅，放入猪肉馅炒至肉色变白，加入爆香过的红葱头末、蒜末，加入酱油和其余调料炒香。

❹ 倒入猪皮高汤续煮，再放入猪皮块，煮滚后改转小火盖上锅盖，再煮约90分钟，煮至汤汁浓稠即可。

# 贵妃牛腩

**材料**

牛腩600克，胡萝卜块150克，姜片3片，葱段20克，水淀粉适量，食用油2大匙

**调料**

辣豆瓣酱1大匙，甜面酱1小匙，番茄酱1大匙，料酒1大匙，酱油1小匙，白糖1小匙

**做法**

❶ 牛腩放入沸水中氽烫去除血水，再另取一锅水，放入氽烫过的牛腩煮约45分钟取出放凉切块，高汤留好备用。

❷ 起锅，放入食用油，油热后爆香姜片、葱段，加入所有调料炒香，再加入牛腩块以小火拌炒2分钟。

❸ 加入牛肉高汤至淹过材料1厘米，盖锅盖焖煮约30分钟。

❹ 再放入胡萝卜块，再烧约15分钟收汁后，以水淀粉勾芡即可。

# 瓜仔肉臊

### 🍳 材料
猪肉馅300克, 花瓜100克, 蒜10瓣, 水800毫升,
食用油适量

### 🥣 调料
酱油5大匙, 冰糖2大匙, 米酒3大匙, 五香粉1小匙

### 🍲 做法
❶ 将花瓜、蒜分别剁碎备用。

❷ 热油锅，放入蒜碎爆香，放入猪肉馅炒
香，再放入花瓜碎、所有调料和水后，再
移入炖锅。

❸ 将炖锅用大火煮滚后，转小火盖上盖子，
卤60分钟即可。

# 鱼香肉臊

### 🍳 材料
猪肉馅600克，葱3棵，姜30克，蒜5瓣，水
1400毫升，食用油适量

### 🥣 调料
酱油3大匙，辣豆瓣酱5大匙，白糖2大匙，米酒
3大匙

### 🍲 做法
❶ 将葱、姜、蒜切碎，备用。

❷ 热油锅，放入葱碎、姜碎、蒜碎爆香，加
入猪肉馅炒香，放入所有调料和水，再移
入炖锅中。

❸ 将炖锅用大火煮滚，再转小火盖上盖子，
炖煮50分钟即可。

# 香葱肉燥

### 🦐 材料
猪肉馅200克，洋葱1/2个，蒜5瓣，红葱头5个，
红辣椒1个，葱2棵，水50毫升，食用油适量

### 🍶 调料
酱油2大匙，白糖1大匙，酱油1大匙，香油1小匙，
辣豆瓣酱1大匙

### 📦 做法
1. 洋葱切碎；蒜、红葱头、红辣椒切片；葱切碎备用。
2. 起一个炒锅，加入1大匙食用油，加入洋葱碎、蒜片、红葱头片爆香。
3. 再放入猪肉馅炒香后，加入所有调料和水煮开转小火煮10分钟。
4. 最后再撒上红辣椒片和葱碎即可。

# 豆轮卤肉

### 🦐 材料
五花肉300克，干豆轮100克，蒜8瓣，葱段1根，
红辣椒1个，姜片15克，水900毫升，食用油适量

### 🍶 调料
A：酱油5大匙，白糖2大匙，米酒1大匙
B：八角2粒，桂枝5克，甘草3片，草果3粒，香叶5克

### 📦 做法
1. 干豆轮用水泡软；五花肉切成大片状，备用。
2. 热油锅，加入五花肉片、蒜、红辣椒和葱段、姜片炒香，放入所有调料A和水后，再移入炖锅。
3. 将全部的调料B放入卤包袋中绑紧，即为卤包材料。
4. 在炖锅中，加入卤包和豆轮，用大火煮滚后，转小火盖上盖子，卤50分钟即可。

# 蒜泥白肉

## 🥘 材料
| | |
|---|---|
| 带皮猪五花肉 | 300克 |
| 葱花 | 20克 |
| 蒜泥 | 20克 |
| 红辣椒末 | 10克 |
| 冷开水 | 2大匙 |

## 🧂 调料
| | |
|---|---|
| 酱油 | 3大匙 |
| 白糖 | 1小匙 |
| 香油 | 1大匙 |

## 📖 做法
1. 带皮五花肉洗净，放入滚水中以小火煮至熟。
2. 将煮熟的五花肉取出冲冷水至降温，放入冰箱中冰镇备用。
3. 将五花肉自冰箱中取出，切薄片，并放入约500毫升开水略烫，捞出沥干水后排入盘中。
4. 将酱油、冷开水、白糖、蒜泥、红辣椒末和葱花拌匀，最后加入香油调匀成酱汁，均匀淋到肉片上即可。

**关键提示**

**冰镇让肉块切得又快又漂亮**

整块的猪肉要切片可不是件容易的事，烫熟之后又软又烫，更增加切片的困难度，此时不如以冷水冲凉，再放进冰箱里冰镇一下，不但猪皮可以变得更加软润爽口，也让切片的时间大大缩短了许多。

1　2　3-1　3-2　4

# 土豆炖鸡肉

## 📋 材料

| | |
|---|---|
| 去骨鸡腿 | 1只 |
| 土豆块 | 250克 |
| 胡萝卜块 | 150克 |
| 洋葱块 | 100克 |
| 甜豆荚 | 30克 |
| 水 | 800毫升 |
| 食用油 | 适量 |

## 🧂 调料

| | |
|---|---|
| 生抽 | 70毫升 |
| 味淋 | 40毫升 |
| 米酒 | 50毫升 |

## 📖 做法

1. 去骨鸡腿洗净切块；甜豆荚去头尾，放入沸水中汆烫，捞出沥干，备用。

2. 热锅，加入适量食用油，放入鸡腿肉块煎香。

3. 续于锅中加入所有调料及水煮滚，再放入土豆块、胡萝卜块及洋葱块煮滚后，改转小火煮约30分钟。

4. 最后放入甜豆荚煮约30秒钟即可。

2　3-1　3-2　3-3　4

# 家常卤肉

**材料**

五花肉300克，猪皮150克，梅花瘦肉150克，水煮蛋5个，豆干200克，蒜3瓣，葱段20克，红辣椒段10克，水1200毫升，食用油3大匙

**调料**

酱油150毫升，冰糖1大匙，八角2粒，胡椒粉少许，五香粉少许

**做法**

❶ 猪皮洗净，放入沸水中氽烫约5分钟，取出切块，备用。

❷ 豆干洗净对切，放入沸水中氽烫后，捞出沥干水分，备用。

❸ 热锅，加入食用油，放入五花肉及猪皮块，炒至表面微焦，再放入梅花瘦肉、蒜、葱段、红辣椒段及八角炒香。

❹ 续于锅中加入其余所有调料拌炒均匀，再加入水煮滚后，放入水煮蛋，转小火卤约40分钟，再放入豆干块续卤15分钟，再关火闷约10分钟即可。

---

# 香菇卤鸡肉

**材料**

鸡肉块(熟)600克，干香菇10朵，葱段20克，水800毫升，食用油2大匙

**调料**

酱油4大匙，冰糖1小匙，盐1/4小匙，米酒1大匙

**做法**

❶ 干香菇洗净泡软，去梗备用。

❷ 热锅，加入2大匙食用油后放入泡软的香菇、葱段爆香，再放入鸡肉块和所有调料炒香。

❸ 续于锅中倒入水煮滚，再以小火卤约15分钟即可。

# 肉酱淋青蔬

### 🥢 材料
莴苣2棵，蒜（切碎）2瓣，辣椒（切碎）1/3个，葱（切碎）1棵，猪肉馅30克，水适量，食用油1大匙

### 🧂 调料
蚝油1大匙，米酒1大匙，香油1小匙，白糖1小匙

### 🍳 做法
❶ 取莴苣去蒂、洗净，放入滚水中汆烫至熟，盛盘备用。

❷ 热一炒锅，加入食用油，放入猪肉馅以中火炒至肉色变白，接着加入剩余的材料与所有调料，以中火翻炒均匀。

❸ 将炒好的肉酱淋至莴苣上即可。

---

# 三杯杏鲍菇

### 🥢 材料
杏鲍菇块180克，蒜片20克，姜片30克，罗勒2棵，水适量

### 🧂 调料
A：香油1大匙

B：酱油2大匙，米酒1大匙，盐少许，白胡椒粉少许

### 🍳 做法
❶ 罗勒洗净；调料B调和水成酱汁，备用。

❷ 热锅，加入香油，放入姜片、蒜片，以中小火煸香。

❸ 加入杏鲍菇块，续以中火将杏鲍菇炒至上色，接着加入酱汁煮至收汁，最后加入罗勒炒匀即可。

---

# 照烧鸡腿

### 🥢 材料
去骨鸡腿1只，姜片20克，洋葱(切片)1/2个，香菇(切片)2朵，水50毫升

### 🧂 调料
照烧酱50毫升

### 🍳 做法
❶ 热一平底不粘锅，放入鸡腿排(洗净，沥干水分)，以中小火煎至两面上色，接着将鸡腿肉煎出来的油质倒掉。

❷ 续加入姜片、香菇片、洋葱片翻炒均匀，再加入照烧酱和水，转中火将汤汁缩至略干即可。

# 腐乳烧肉

### 材料
五花肉250克，蒜3瓣，姜20克，洋葱1/3个，食用油1大匙，水适量

### 调料
豆腐乳2块，酱油1大匙，米酒1大匙，香油1小匙

### 做法
❶ 将五花肉切小条，放入滚水中汆烫过水，捞出备用。

❷ 蒜、姜切碎；洋葱切丝；所有调料和水调匀成酱汁，备用。

❸ 热锅，加入食用油，放入五花肉，以中火将五花肉的油质煸出，再将多余的油质倒出，接着加入蒜末、姜末以及洋葱丝一起翻炒均匀。

❹ 再加入调好的酱汁，以中火烩煮至收汁即可。

# 豆豉茄子

### 材料
茄子2条(约350克)，罗勒20克，红辣椒10克，姜10克，食用油适量，水150毫升

### 调料
豆豉20克，白糖1/2小匙，盐少许，味精少许

### 做法
❶ 罗勒取嫩叶洗净；红辣椒、姜洗净切片，备用。

❷ 茄子洗净去蒂、切段；热油锅至油温约160℃，放入茄子段炸至微软后捞出，沥油备用。

❸ 热锅倒入食用油，爆香姜片，放入豆豉炒香，再放入红辣椒片和炸好的茄子段拌炒。

❹ 再加入其余调料和水拌炒均匀，放入罗勒叶炒至入味即可。

# 香油青江炒鸡片

**材料**
上海青250克，鸡肉150克，香油3大匙，姜丝20克，枸杞子适量

**调料**
盐1/4小匙，米酒1大匙，鸡精少许

**做法**
❶ 上海青切除蒂头后洗净；鸡肉切片，备用。
❷ 热锅，倒入香油，加入姜丝爆香，放入鸡肉片炒至变白。
❸ 加入上海青、枸杞子及所有调料炒匀即可。

**关键提示**　　上海青的梗呈现层层包覆的状态，里面会积有沙土灰尘，若没有分开很难清洗干净，最简单的方式就是将蒂头切除就能轻易地分开了。

# 豆苗虾仁

**材料**
大豆苗400克，虾仁200克，蒜末1大匙，红辣椒2个，水100毫升，食用油适量

**调料**
盐1小匙，鸡精2小匙，米酒1大匙，香油适量

**做法**
❶ 大豆苗摘成约6厘米的段状，放入沸水中汆烫至软；红辣椒切片，备用。
❷ 虾仁去肠泥后放入沸水中汆烫至熟透捞出备用。
❸ 热一锅，倒入适量的油，放入蒜末、红辣椒片爆香。
❹ 再加入大豆苗段、虾仁、水与所有调料，以大火快炒均匀即可。

# 茭白炒蟹味菇

## 材料
茭白350克，蟹味菇150克，红辣椒片15克，蒜片15克，水60毫升，食用油适量

## 调料
A：酱油2小匙，盐1/2小匙，白糖1小匙，鸡精1/2小匙，米酒1大匙
B：老醋1小匙，香油适量，水淀粉适量

## 做法
1. 茭白洗净，去皮切滚刀块，放入滚水中汆烫去除涩味；蟹味菇切除连接的蒂头，放入滚水汆烫一下捞起，备用。
2. 热锅，倒入食用油，放蒜片、红辣椒片爆香。
3. 于锅中加入水拌炒一下，再加入调料A煮至沸腾。
4. 放入汆烫过的茭白块、蟹味菇拌炒均匀。
5. 加入老醋、香油调味，再以水淀粉勾芡即可。

# 玉米笋炒百菇

## 材料
鲜香菇50克，蟹味菇40克，秀珍菇40克，玉米笋100克，豌豆荚40克，胡萝卜20克，蒜片10克，食用油适量

## 调料
盐1/4小匙，米酒1小匙，鸡精少许，香油少许

## 做法
1. 玉米笋切段后放入滚水中汆烫一下；鲜香菇切片；蟹味菇去蒂头；豌豆荚去头尾及两侧粗丝；胡萝卜去皮切片，备用。
2. 热锅，倒入适量的油，放入蒜片爆香，加入所有菇类与胡萝卜片炒匀。
3. 加入烫过的豌豆荚及玉米笋段炒匀，加入所有调料炒入味即可。

# 葱爆肉片

## 🐟 材料
| | |
|---|---|
| 猪肉片 | 180克 |
| 葱 | 150克 |
| 姜 | 10克 |
| 红辣椒 | 10克 |
| 食用油 | 适量 |

## 🧂 调料
| | |
|---|---|
| 酱油 | 2大匙 |
| 白糖 | 1小匙 |
| 水淀粉 | 1小匙 |
| 香油 | 1小匙 |

## 🧂 腌料
| | |
|---|---|
| 水 | 1大匙 |
| 淀粉 | 1小匙 |
| 酱油 | 1小匙 |
| 蛋清 | 1大匙 |

## 📋 做法

1. 猪肉片洗净沥干，放入碗中加入腌料抓匀，腌渍2分钟备用。

2. 葱洗净切小段，姜去皮切片，红辣椒去籽洗净、切小片备用。

3. 热锅，倒入约2大匙油烧热，放入腌渍好的猪肉片以大火快炒至肉色变白，盛出备用。

4. 锅中的油倒出，余油继续烧热，放入葱段、姜片和红辣椒片，以小火爆香，加入酱油、白糖及水（材料外）炒匀，再加入备用的猪肉片以大火快炒10秒钟，最后加入水淀粉勾芡并淋入香油即可。

**关键提示** 炒肉片熟得很快，但要炒得好吃，肉片就不能炒得太老，若和所有材料一起炒，很快就老掉了。要保持肉片口感滑嫩柔软，首先要加淀粉抓腌，然后先下肉片炒到快熟就盛出，再回锅和其他材料一起炒匀。

# 红烧丸子

## 🍲 材料

| | |
|---|---|
| 猪肉馅 | 300克 |
| 姜末 | 10克 |
| 葱末 | 10克 |
| 鸡蛋 | 1个 |
| （打散） | |
| 大白菜 | 300克 |
| 胡萝卜片 | 20克 |
| 食用油 | 适量 |
| 高汤 | 100毫升 |

## 🧂 调料

| A: | |
|---|---|
| 盐 | 1/4小匙 |
| 白糖 | 5克 |
| 酱油 | 10毫升 |
| 米酒 | 10毫升 |
| 白胡椒粉 | 1/2小匙 |
| 淀粉 | 1大匙 |
| 香油 | 1小匙 |
| B: | |
| 酱油 | 3大匙 |
| 白糖 | 1/2小匙 |
| 水淀粉 | 1大匙 |
| 香油 | 1小匙 |

## 🍳 做法

❶ 大白菜洗净，撕小片汆烫至软，捞出沥干备用。

❷ 将猪肉馅加入调料A中的盐拌至略有黏性，加入白糖、淀粉、酱油、米酒、白胡椒粉及鸡蛋液拌匀，再加入葱末、姜末及香油，拌匀后捏成小圆球，即成肉丸。

❸ 热锅，倒入约400毫升油烧热，放入肉丸以小火炸约4分钟至熟，捞出沥干油分备用。

❹ 将油倒出，以余油继续烧热，放入调料B的酱油、白糖和高汤、大白菜、肉丸、胡萝卜片以大火煮开，转中火续煮约1分钟，再以水淀粉勾芡并淋入香油即可。

# 椒盐鸡腿

**材料**
鸡腿2只，葱花20克，食用油适量

**调料**
A：酱油1大匙，米酒1小匙
B：椒盐粉1小匙

**做法**
❶ 将鸡腿洗净沥干，剖开去除骨头，再以刀在鸡腿肉内面交叉轻剁几刀，将筋剁断、肉剁松，放入大碗中加入调料A抓匀备用。
❷ 热锅，倒入食用油烧热至约160℃，放入鸡腿肉以中火煎约6分钟至表皮香脆，捞出沥干后切片装入盘中。
❸ 将椒盐粉和葱花均匀撒在鸡肉上即可。

# 鱼香茄子

**材料**
茄子2个，猪肉馅200克，蒜2瓣，红辣椒1/2个，青葱1棵，水100毫升，食用油适量

**调料**
鸡精1小匙，酱油1小匙，香油1小匙，白糖1小匙，盐少许，胡椒粉少许

**做法**
❶ 茄子洗净，先将蒂头部分切除，再切成段，擦干水，放入油温约190℃的油锅里炸软，捞起滤油，备用。
❷ 将红辣椒、蒜、青葱都切成片状，备用。
❸ 起一个平底锅，倒入适量食用油，先将猪肉馅爆香，再加入红辣椒片、蒜片、青葱片炒香。
❹ 于锅中加入所有的调料和水一起烩煮，最后加入茄子段以中火煮约3分钟即可。

# 泰式绿豆芽烩肉片

### 🥬 材料
火锅肉片150克，绿豆芽100克，香菜2棵，胡萝卜30克，辣椒1/3个

### 🧂 调料
泰式甜鸡酱1大匙，香油1小匙，盐少许，黑胡椒粉少许

### 🍲 做法
1. 将火锅肉片洗净、放入滚水中汆烫至熟，捞出沥干水分，备用。
2. 香菜切碎；胡萝卜、辣椒切丝，与绿豆芽一起放入滚水中，以大火汆烫过水，再捞出沥干水分备用。
3. 取一个容器，将所有材料放入，再加入所有的调料拌匀即可。

# 三丝肉片汤

### 🥬 材料
金针菇1把，黑木耳丝20克，胡萝卜丝50克，火锅肉片150克，香菜碎10克，水700毫升

### 🧂 调料
盐少许，白胡椒粉少许，香油1小匙，鸡精1小匙

### 🍲 做法
取一汤锅，加入所有调料和水，以中火煮滚，接着加入去蒂洗净的金针菇、黑木耳丝、胡萝卜丝、香菜碎及火锅肉片煮熟。

# 肉片寿喜烧

### 🥬 材料
火锅肉片170克，洋葱1/2个，葱2棵，姜5克，蒜2瓣，水200毫升

### 🧂 调料
清酒100毫升，柴鱼酱油50毫升，白糖1大匙，香油1小匙，味淋30毫升

### 🍲 做法
1. 洋葱、姜、蒜切片；葱切段，备用。
2. 热锅，加入1大匙食用油(材料外)，放入葱段、洋葱、姜片、蒜片以中火爆香，接着加入所有调料和水，以中火煮至滚。在锅中加入火锅肉片，以中火涮一涮至肉片熟嫩即可。

# 肉片四季豆卷

**材料**
火锅肉片100克，四季豆200克

**调料**
盐少许，黑胡椒粉少许，孜然粉1小匙

**做法**

❶ 四季豆去蒂，洗净后切成约7厘米长段，备用。

❷ 将火锅肉片平摊，放入约4根四季豆段，卷起肉片紧紧包裹四季豆。

❸ 热锅，将四季豆肉卷依序放入锅中，以小火煎至上色。

❹ 起锅前，在四季豆肉卷上均匀地撒上所有调料即可。

# 肉酱烧豆腐

**材料**
盒装豆腐1盒，肉酱罐头1罐，葱花20克，水2大匙

**调料**
水淀粉1小匙，香油1小匙

**做法**

❶ 豆腐取出，稍微冲洗后切成小块备用。

❷ 热锅，倒入肉酱，以小火炒出香味，加入水与豆腐煮匀，最后以水淀粉勾芡并淋上香油、撒上葱花即可。

# 椒麻猪排

## 🐟 材料

猪里脊肉 200克
圆白菜丝 40克
香菜末 10克
蒜末 5克
红辣椒末 10克
番薯粉 1碗
食用油 适量

## 🍶 调料

A:
酱油 1大匙
米酒 1小匙
B:
酱油 2大匙
柠檬汁 1大匙
白糖 1小匙

## 📋 做法

1. 猪里脊肉切成厚约0.4厘米的片，用刀尖在肉排上刺出一些刀痕使肉容易熟且入味，放入碗中加入调料A抓匀腌渍约2分钟备用。

2. 圆白菜丝洗净沥干后均匀装入盘中备用。

3. 热锅，倒入适量油烧热至约160℃，将猪里脊肉两面沾上番薯粉后放入锅中，以中火炸约3分钟至酥脆，捞出沥干切片，盛入圆白菜丝盘中。

4. 将香菜末、蒜末及红辣椒末放入小碗中，加入调料B拌匀，淋在猪排上即可。

# 烩三鲜

### 材料
虾仁100克，小卷1条，蛤蜊50克，蒜3瓣，辣椒1/3个，葱1棵，水适量，食用油1大匙

### 调料
A：辣豆瓣1小匙，香油1小匙，盐少许，白胡椒粉少许，米酒1大匙
B：水淀粉少许

### 做法
❶ 虾仁剖开背、去沙线；小卷切小圈，放入滚水中汆烫一下，捞出泡冷水；蛤蜊泡盐水吐沙，捞出沥干水分，备用。

❷ 蒜、辣椒切片；葱切小段，备用。

❸ 热锅，加入1大匙食用油，放入蒜片、辣椒片、葱段以中火爆香，接着加入海鲜材料炒熟。

❹ 再加入所有调料A和水翻炒均匀，再以水淀粉勾芡即可。

# 咖喱鸡丁

### 材料
鸡胸肉2片，芹菜2根，胡萝卜50克，蒜3瓣，香菜2棵，奶油1大匙，水适量，食用油1大匙

### 调料
A：咖喱粉1大匙，盐少许，白胡椒粉少许，香油1小匙
B：水淀粉少许

### 做法
❶ 将鸡胸肉洗净、切大块；香菜切碎，备用。

❷ 胡萝卜去皮、切小丁；芹菜切小段；蒜切片，备用。

❸ 热锅，加入1大匙食用油，放入胡萝卜丁、芹菜段、蒜片，以中火爆香。

❹ 再加入鸡胸肉块、奶油、水与所有调料A，续以中火煮约15分钟至鸡肉入味，接着以水淀粉勾薄芡，起锅前加入香菜碎即可。

# 蚝汁淋芥蓝

### 🦪 材料
芥蓝菜200克，猪肉片50克，蒜3瓣，辣椒1/3个，食用油1大匙

### 🫙 调料
A：蚝油2大匙,香油1小匙,白糖少许,鸡精1小匙,米酒1小匙
B：水淀粉少许

### 🍴 做法
❶ 将芥蓝菜去蒂、去老叶，放入滚水中余烫至熟，捞出盛盘，备用。

❷ 猪肉片切丝；蒜、辣椒切小片，备用。

❸ 热锅，加入食用油，放入猪肉丝、蒜片、辣椒片以中火炒香，接着加入所有的调料A炒匀，再以水淀粉勾薄芡后即可关火。

❹ 将炒好的猪油耗油酱汁淋入芥蓝菜上即可。

# 照烧肉排

### 🦪 材料
猪里脊肉排300克，熟白芝麻1小匙，水适量，食用油2大匙

### 🫙 调料
A：酱油1大匙,淀粉1小匙,白糖1小匙,米酒1小匙
B：照烧酱3大匙

### 🍴 做法
❶ 猪里脊肉排洗净沥干，以刀将白色的筋切断，放入碗中，加入调料A和1大匙水拌匀备用。

❷ 热锅，倒入约2大匙食用油烧热至约160℃，放入猪排，以中小火炸约2分钟至两面略金黄，取出沥油。

❸ 锅中的油倒出，留少许油继续加热，加入60毫升水和调料B煮匀，再加入炸好的猪排以中火翻炒至汤汁略收干盛盘，最后撒上熟白芝麻即可。

# 老皮嫩肉

## 🍲 材料
嫩豆腐1盒，姜20克，蒜5瓣，辣椒1/2个，罗勒2棵，面粉2大匙，水适量，食用油适量

## 🍶 调料
香油1大匙，米酒1大匙，酱油1大匙，白糖1小匙，鸡精1小匙，水淀粉适量

## 🍴 做法
❶ 将嫩豆腐切大块，吸干表面水分，于豆腐表面轻拍上一层面粉，备用。

❷ 姜、蒜、辣椒均切片；罗勒洗净，取叶备用。

❸ 热一油锅，油温至约200℃，放入豆腐块，炸成表面呈金黄色，即可捞出滤油，备用。

❹ 热锅，加入香油，放入姜片、蒜片与辣椒片爆香，接着加入所有调料和水煮滚。

❺ 再加入炸好的豆腐，续以中火煮至收汁，起锅前加入罗勒叶增香即可。

# 泰式打抛肉

## 🍲 材料
猪肉馅150克，蒜5瓣，辣椒1个，柠檬草1棵，葱1棵，香菜2棵，食用油1大匙

## 🍶 调料
泰式打抛酱2大匙，盐少许，白胡椒粉少许

## 🍴 做法
❶ 蒜、辣椒、葱、香菜皆切成碎状；柠檬草切大段，备用。

❷ 热锅，加入1大匙食用油，放入猪肉馅以中火炒至肉色变白，接着加入做法1中的所有材料炒香。

❸ 再加入所有调料炒匀即可。

# 五更肠旺

## 材料

| | |
|---|---|
| 熟肥肠 | 1条 |
| 鸭血 | 1块 |
| 酸菜 | 30克 |
| 蒜苗 | 1棵 |
| 姜 | 5克 |
| 蒜 | 2瓣 |
| 高汤 | 200毫升 |

## 调料

| | |
|---|---|
| 红辣椒酱 | 2大匙 |
| 白糖 | 1/2小匙 |
| 白醋 | 1小匙 |
| 香油 | 1小匙 |
| 水淀粉 | 1小匙 |
| 花椒 | 1/2小匙 |

## 做法

1. 鸭血洗净切菱形块，熟肥肠切斜片，酸菜切片，一起放入滚水中汆烫，捞出沥干备用。
2. 蒜苗洗净切段；姜及蒜切片，备用。
3. 热锅，倒入2大匙油(材料外)烧热，放入姜片、蒜片小火爆香，加入红辣椒酱及花椒，以小火炒至油变成红色且有香味，再加入高汤煮滚。
4. 加入汆烫好鸭血、熟肥肠、酸菜和白糖、白醋，再次煮滚后转小火续煮约1分钟，以水淀粉勾芡并淋入香油、撒上蒜苗段即可。

# 腐皮蒸树子

## 材料
生豆腐皮3片，鸡蛋1个，树子3大匙

## 调料
树子酱汁2大匙，香油适量

## 做法
❶ 生豆腐皮稍微撕小块备用。

❷ 将鸡蛋、树子酱汁和树子调匀，加入腐皮拌匀盛盘。

❸ 封上保鲜膜，入蒸锅大火蒸约10分钟，起锅淋上香油即可。

**关键提示**　　豆腐皮有口感又营养，但因为是黄豆制品所以比较容易坏掉。若买多了一次吃不完，可以将一次煮的量分别用保鲜膜包起，放入冷冻室中保存。每次烹调前取出要用的量退冰即可。这样就不怕买多吃不完坏掉啰！

# 酸白菜炒回锅肉

## 材料
酸白菜片250克，熟五花肉片250克，蒜片10克，辣椒片10克，葱段15克，食用油适量

## 调料
盐少许，酱油1小匙，白糖1/4小匙，鸡精1/4小匙，陈醋1/2大匙

## 做法
❶ 酸白菜片入热水稍汆烫即捞出，备用。

❷ 热锅，倒入食用油，放入蒜片、葱段、辣椒片爆香，再放入熟五花肉片拌炒。

❸ 在锅中续放入酸白菜片略炒，再放入所有调料拌炒均匀即可。

# 客家菜脯蛋

### 材料
客家菜脯100克，罗勒2棵，鸡蛋3个，食用油1大匙，水适量

### 调料
盐少许，白胡椒粉少许，香油1小匙

### 做法
❶ 将客家菜脯切碎、洗净，再浸泡冷水去除咸味，捞出拧干；罗勒洗净，取叶切碎，备用。

❷ 取碗将鸡蛋打散，加入所有调料与菜脯碎、罗勒碎、水拌匀。

❸ 热一不粘锅，加入食用油，缓缓倒入拌好的材料，以中小火煎至两面上色至熟，摆上罗勒叶（材料外）装饰即可。

> **关键提示** 菜脯可事先泡水30分钟，去掉多余盐分。未处理的菜脯烹制时需减少分量。

# 椒麻鸡

### 材料
炸鸡排2片，蒜末5克，姜末5克，葱末5克，辣椒末5克，水100毫升，香菜适量

### 调料
花椒10克，酱油1大匙，白糖1大匙，白醋1大匙，鱼露1小匙，辣油1大匙，柠檬汁1大匙

### 做法
❶ 炸鸡排放入烤箱中烤热回温后取出，切块摆放入盘中，备用。

❷ 将全部调料和水拌匀成酱汁；花椒粒用干锅炒香后压碎。

❸ 热锅，倒入酱汁煮滚，熄火待凉后加入蒜末、姜末、葱末、辣椒末拌匀，再加入花椒碎拌匀，即为椒麻酱。

❹ 将椒麻酱淋入鸡排上，最后放入香菜装饰增味即可。

# 银鱼豆干

### 材料
豆干5块，小银鱼100克，红辣椒1个，蒜10克，水50毫升，食用油1大匙

### 调料
盐1/4茶匙，白糖1/2茶匙，酱油1茶匙

### 做法
1. 将每块豆干横切成两片，再切成0.5厘米宽条状；红辣椒洗净切丝；蒜洗净切末备用。
2. 将小银鱼洗净后泡水，泡到变软后沥干。
3. 取锅烧热后，放入食用油，转小火，放入切好的豆干与沥干的小银鱼炒3分钟。
4. 于锅中放入蒜末炒半分钟，再加入红辣椒丝、水及所有调料，继续翻炒至水分收干即可。

# 红油鱼片

### 材料
鲷鱼片200克，绿豆芽30克，葱花5克，冷开水2小匙

### 调料
酱油2小匙，蚝油1小匙，白醋1小匙，白糖1.5小匙，辣油2大匙

### 做法
1. 鲷鱼片洗净，切花片备用。
2. 所有调料和冷开水放入碗中拌匀成酱汁备用。
3. 锅中倒入适量水烧开，先放入绿豆芽汆烫约5秒，捞出沥干盛入盘中备用。
4. 续将鱼片放入滚水锅中汆烫至再次滚开，熄火浸泡约3分钟，捞出沥干放入绿豆芽上，最后淋上酱汁并撒上葱花即可。

# 宫保虾球

### 材料
虾仁120克，蒜末5克，葱段20克，水1大匙，食用油适量

### 调料
A：盐1/8小匙，蛋清1小匙，淀粉1小匙
B：白醋1小匙，酱油1大匙，白糖1小匙，米酒1小匙，淀粉1/2小匙
C：香油1小匙，干辣椒10克

### 做法
1. 虾仁洗净沥干水分，以刀从虾背划开深至约1/3处，放入碗中加入调料A抓匀备用。
2. 调料B和水放入另一碗中调匀成酱汁备用。
3. 将虾仁均匀裹上淀粉放入锅中，以中小火炸约2分钟至表面酥脆，捞出沥干油备用。
4. 锅中留少许油放入葱段、蒜末和干辣椒以小火爆香，再加入虾仁，转大火快炒5秒钟，边炒边分次淋入酱汁炒匀，最后淋上香油即可。

# 豆豉鲜蚵

### 材料
A：牡蛎200克，盒装豆腐1盒，食用油适量
B：姜末10克，蒜末8克，红辣椒末10克，葱花30克

### 调料
A：米酒1小匙，酱油2大匙，白糖1小匙
B：水淀粉1大匙，香油1小匙，豆豉20克

### 做法
1. 牡蛎洗净沥干，放入滚水中氽烫约5秒钟，立即捞出沥干水分备用。
2. 豆腐取出洗净，切小丁备用。
3. 热锅，倒入食用油烧热，放入材料B和豆豉以小火爆香，加入牡蛎及豆腐丁轻拌数下，再加入所有调料A煮开，最后以水淀粉勾芡再淋上香油即可。

# 麻婆豆腐

### 材料
猪肉馅120克，老豆腐(切丁)1块，蒜(切末)3瓣，辣椒(切末)1/3个，姜(切末)20克，葱(切末)2棵，食用油适量

### 调料
辣豆瓣酱1大匙，香油1小匙，辣油1小匙，白糖1小匙，鸡精少许，酱油1小匙，水淀粉适量

### 做法
❶ 热油锅，将猪肉馅炒散，再加入蒜末、辣椒末、姜末炒香。加入所有调料(水淀粉除外)，煮沸，再加水淀粉勾芡。

❷ 加入老豆腐丁，以中火煮约1分钟，起锅前撒上葱花即可。

# 肉末时蔬

### 材料
上海青3棵,猪肉馅120克,蒜3瓣,辣椒1/3个,姜5克,胡萝卜15克,食用油1大匙，水适量

### 调料
酱油1大匙，香油1小匙，辣豆瓣酱1小匙

### 做法
❶ 上海青去蒂、洗净，放入滚水中余烫至熟，放入盘中备用。

❷ 蒜瓣、辣椒、姜、胡萝卜皆切成片状，备用。

❸ 热锅，加入食用油，放入猪肉馅，以中火炒至肉色变白，接着加入做法2的所有材料、水与所有调料，续以中火烩煮约2分钟至浓稠状关火，将炒好的肉酱淋在上海青上面即可。

# 香菇瓜仔肉

### 材料
瓜仔肉1瓶(约270克)，猪肉馅200克，蒜3瓣，辣椒1/3个，葱2棵

### 调料
鸡蛋(取蛋清)1个，淀粉1小匙，盐少许，白胡椒粉少许，香油1小匙

### 做法
❶ 将瓜仔肉去除汤汁；蒜、辣椒、葱皆切成碎状，备用。

❷ 取一蒸碗，先放入做法1中所有材料与所有调料搅拌均匀，接着放入猪肉馅拌匀，再包覆耐热保鲜膜。

❸ 放入电饭锅中，外锅加入1.5杯水，蒸约20分钟即可。

# 糖醋里脊

**材料**

| 猪里脊肉 | 250克 |
| 青椒丝 | 20克 |
| 红甜椒丝 | 20克 |
| 黄甜椒丝 | 20克 |
| 食用油 | 适量 |
| 鸡蛋液 | 1大匙 |
| 水 | 2大匙 |

**调料**

A:
| 淀粉 | 1大匙 |
| 米酒 | 1/2小匙 |
| 盐 | 1/8小匙 |

B:
| 白醋 | 1大匙 |
| 陈醋 | 2大匙 |
| 番茄酱 | 2大匙 |
| 白糖 | 4大匙 |

C:
| 水淀粉 | 1大匙 |
| 香油 | 1小匙 |

**做法**

1. 猪里脊肉洗净沥干，切成筷子般粗细的肉条，放入碗中加入调料A和鸡蛋液抓匀备用。
2. 热锅，倒入食用油烧热，将肉条均匀沾裹上少许淀粉(材料外)后放入锅中，以中小火炸约3分钟至金黄酥脆，捞起沥油备用。
3. 重新热锅，加入少许食用油，放入青椒丝、红甜椒丝、黄甜椒丝以中小火炒香，加入调匀的调料B和水，拌匀并煮开后淋入水淀粉勾芡，最后倒入炸好的肉条拌炒均匀，再淋上香油即可。

# 蚂蚁上树

## 🍲 材料
粉条100克，猪肉馅150克，葱末20克，红辣椒末10克，蒜末10克，水100毫升，食用油2大匙

## 🍶 调料
A：辣豆瓣酱1.5大匙，酱油1小匙
B：鸡精1/2小匙，盐少许，白胡椒粉少许

## 🍴 做法
❶ 粉条放入滚水中氽烫至稍软后，捞起沥干，备用。

❷ 热锅，放入食用油，爆香蒜末，再放入猪肉馅炒散后，加入调料A炒香。

❸ 于锅中续入水、粉条、调料B炒至入味，起锅前撒上葱末、红辣椒末拌炒均匀即可。

> **关键提示**　粉条下锅后需要搭配一点水才能炒均匀，但是加的分量必须拿捏好。

---

# 雪里蕻炒肉末

## 🍲 材料
雪里蕻200克，猪肉馅150克，蒜末10克，姜末10克，红辣椒1个，食用油2大匙

## 🍶 调料
盐少许，鸡精1/4小匙，白糖1/2小匙，香油少许

## 🍴 做法
❶ 雪里蕻洗净切细丁；红辣椒切小丁，备用。

❷ 热锅，倒入食用油烧热，放入姜末、蒜末爆香，放入猪肉馅炒散，炒至颜色变白。

❸ 于锅中续放入雪里蕻丁、红辣椒丁拌炒1分钟，再加入所有调料拌炒入味即可。

# 肉酱炒圆白菜

### 🥘 材料
猪肉酱(罐头)1瓶,蒜3瓣,辣椒1/3个,圆白菜200克,食用油1大匙,水适量

### 🍶 调料
香油1小匙,鸡精少许,盐少许,白胡椒粉少许

### 📋 做法
❶ 圆白菜洗净、切小块;蒜、辣椒切片,备用。

❷ 热锅,加入食用油,放入蒜片、辣椒片,以大火爆香。

❸ 续加入猪肉酱与圆白菜块,续以大火翻炒均匀,最后再加入所有调料和水炒匀即可。

# 苍蝇头

### 🥘 材料
猪肉馅150克,韭菜花1束,蒜3瓣,辣椒1个,食用油1大匙

### 🍶 调料
豆豉1大匙,香油1小匙,辣油少许,盐少许,白胡椒粉少许

### 📋 做法
❶ 将韭菜花洗净、切小丁;蒜、辣椒切片,备用。

❷ 热锅,加入1大匙食用油,放入猪肉馅以大火炒至肉色变白。

❸ 加入韭菜花丁、蒜片、辣椒片炒香,接着加入所有调料翻炒均匀即可。

# 宫保鸡丁

### 🥘 材料
鸡胸肉丁2片,洋葱块1/2个,蒜(切片)3瓣,葱段2根,食用油1大匙

### 🍶 调料
干辣椒5个,花椒1小匙,辣油1小匙,香油1小匙,鸡精1小匙,盐少许,白胡椒粉少许

### 📋 做法
❶ 热锅,加入食用油,放入干辣椒与花椒,以小火煸香。

❷ 在锅中加入鸡胸肉丁,转中火炒至肉色变白,接着加入所有材料与所有剩余调料翻炒均匀即可。

# 芹菜炒鸭肠

## 材料
鸭肠200克，芹菜3根，蒜3瓣，辣椒1/3个，葱1棵，食用油1大匙

## 调料
黄豆酱1大匙，酱油1小匙，盐少许，白胡椒粉少许，香油1小匙，鸡精少许

## 做法
1 取鸭肠洗净、切小段，备用。

2 芹菜、葱洗净、切段；蒜、辣椒切片，备用。

3 热锅，加入食用油，放入鸭肠，以大火快炒，接着加入剩余材料与所有调料炒匀即可。

# 土豆丝炒肉末

## 材料
猪肉馅120克，土豆2个，蒜末10克，葱末10克，红辣椒1个，高汤80毫升，食用油2大匙

## 调料
A：盐1/2小匙，鸡精1/2小匙，酱油1/2大匙，米酒1/2大匙

B：白胡椒粉少许

## 做法
1 土豆去皮切丝后泡水；红辣椒洗净切丝，备用。

2 热一锅，放入食用油，加入蒜末、葱末爆香后，放入猪肉馅炒散。

3 再加入红辣椒丝、土豆丝拌炒一下，加入高汤炒至土豆丝稍软。

4 续加入调料A炒至入味，最后加入调料B拌炒一下即可。

# 附录: 健康养生饮料

现代人越来越追求健康的饮食和养生的生活方式，本单元特别收录几款由五谷、蔬菜、水果制成的饮料，让你从一大早开始就健康满分！

## 糙米浆

### 🍵 材料
糙米100克，熟花生仁20克，水1800毫升，白糖100克

### 🍲 做法
❶ 糙米洗净，泡水约6小时备用。

❷ 将糙米沥干放入果汁机中，并加入熟花生仁及800毫升的水，搅打成浆。

❸ 取一锅，加入剩余1000毫升的水煮滚后，再倒入打好的糙米浆拌煮。

❹ 以中火煮至滚沸后，转小火续煮约10分钟，边搅拌边加入白糖，拌煮至糖溶化即可。

## 薏仁浆

### 🍵 材料
薏仁100克，冰糖100克，水2400毫升

### 🍲 做法
❶ 薏仁洗净，放入冷水中浸泡约5小时，捞出沥干备用。

❷ 将薏仁放入果汁机中，倒入约一半分量的水打成浆状，备用。

❸ 取一汤锅，倒入剩余的水煮开，加入薏仁浆以小火边煮边搅拌，煮约10分钟，加入冰糖搅拌均匀后熄火。

❹ 待锅中薏仁浆冷却，移入冰箱冷藏即可。

# 蜂蜜柠檬芦荟饮

### 🍵 材料
柠檬1个，蜂蜜45毫升，调味芦荟2大匙，冷开水300毫升，冰块适量

### 📋 做法
❶ 先将芦荟装入杯中,再装入适量的冰块备用。

❷ 将柠檬榨汁倒入雪克杯中,将冰块加入雪克杯中至满杯。

❸ 再于雪克杯中加入蜂蜜、冷开水,盖上盖子摇匀。

❹ 将摇好的蜂蜜水倒入装好芦荟的杯中即可。

# 柚柠香橘汁

### 🍵 材料
葡萄柚1/2个，橘子1/4个，柠檬1/2~1/4个，冷开水120毫升，蜂蜜适量

### 📋 做法
❶ 将葡萄柚、橘子、柠檬洗净、去皮后切丁。

❷ 将所有水果放入果汁机中,加入冷开水。

❸ 用慢速3分钟打至材料细碎成汁即可。

❹ 可依据个人口感决定是否添加蜂蜜。

# 鲜果冰茶

### 🍵 材料
柠檬1/2个，橙子1个，百香果1个，葡萄柚1个，果糖30毫升，冷开水200毫升，冰块适量

### 📋 做法
❶ 取一成品杯,装入适量的冰块备用。

❷ 将柠檬、橙子、葡萄柚榨汁,百香果挖出果肉,全部装入雪克杯中。

❸ 于雪克杯中加入冰块至满杯,再于雪克杯中加入果糖、冷开水,盖上盖子摇匀,倒入成品杯中,再加入百香果果肉装饰即可。

# 杏仁坚果豆奶

### 🍜 材料
核桃2~3个，黄豆粉1大匙，热水100毫升，黑糖粉适量，杏仁粉1~2匙(15~30克，可用杏仁豆10~15颗代替)

### 🍴 做法
❶ 将所有材料(黑糖粉除外)放入果汁机中。
❷ 用慢速3分钟打至材料细碎成汁即可。
❸ 可依据个人口感决定是否添加黑糖粉。

# 晶莹蔬果汁

### 🍜 材料
西芹120克，苹果100克，猕猴桃60克，新鲜柠檬汁15毫升，蜂蜜30毫升，冷开水200毫升

### 🍴 做法
❶ 先将西芹洗净，撕除粗纤维后，切小段；苹果去皮去核切小块；猕猴桃去皮后切小块备用。
❷ 将西芹、苹果、猕猴桃与其余材料放入果汁机打成汁即可。

# 乌龙奶茶

### 🍜 材料
无糖乌龙茶350毫升，奶精粉30克，果糖45毫升，冰块适量

### 🍴 做法
❶ 取一成品杯装入适量冰块备用。
❷ 在雪克杯中加入奶精粉，再倒入150毫升乌龙茶，搅拌融化。
❸ 再于雪克杯中加满冰块，再加入果糖。
❹ 续于杯中倒入其余的乌龙茶至9分满。
❺ 盖上盖子摇匀，倒入成品杯中即可。

# 养生枸菊茶

### 🍵 材料

菊花5克, 枸杞子10克, 何首乌10克, 当归5克, 开水500毫升

### 📋 做法

1. 菊花用清水清洗干净备用。
2. 将菊花、何首乌、当归和枸杞子放入保温杯中。
3. 最后倒入开水, 浸泡15~20分钟即可。

# 红茶拿铁

### 🍵 材料

红茶包3包, 100℃热水200毫升, 鲜奶200毫升, 果糖45毫升, 冰块适量

### 📋 做法

1. 在杯中加入100℃的热水200毫升, 放入3包红茶包后盖上盖子, 泡约5分钟后, 取出茶包。
2. 在雪克杯中加入冰块, 倒入红茶至约8分满, 倒入果糖, 盖上盖子摇匀。
3. 倒入成品杯中, 再缓缓倒入鲜奶即可。

# 热奶茶

### 🍵 材料

水500毫升, 红茶包1个, 奶精粉30克, 白糖20克

### 📋 做法

1. 取杯, 倒入滚沸的开水。
2. 将茶包放入杯中, 杯盖盖上, 闷约5分钟后取出茶包。
3. 再加入奶精粉和白糖调味即可。